普通高等教育“十一五”国家级规划教材

计算机辅助绘图与设计

——AutoCAD 2012 上机指导

第4版

主　编　赵国增
参　编　孟利华　富国亮　张　勇
主　审　董振珂

机 械 工 业 出 版 社

本书系《计算机辅助绘图与设计——AutoCAD 2012 第 4 版》（书号：46503）配套教材。全书由上机课题和综合练习题两部分组成，15 个课题的取材全部来自作者多年教学中收到良好效果的上机操作课题。辅助绘图部分以平面图形、零件图、装配图、三维图形为主线，特别加强了三维图形的绘制操作，使学生通过上机操作掌握绘图技能及绘图技巧，达到完全甩开图板，完成各种图样的绘制与出图的目的；二次开发课题选择的均为典型实例，通过训练使学生掌握开发设计的基本思路和能力，领会 AutoCAD 二次开发的强大功能和魅力。综合练习题部分对 AutoCAD 软件系统知识和绘图技能进行了综合训练，以达到全面掌握 AutoCAD 绘图设计能力的目的。

本书可作为高等职业技术教育院校机械类、计算机类、电子类、电气类、建筑类、地理类、轻工类及交通类等专业的教材，也可作为相关专业的中等职业学校的教材，同时也可供从事 AutoCAD 应用与开发的技术人员和自学人员参考。

为了方便教学，本书配备电子课件等教学资源。凡选用本书作为教材的教师均可登录机械工业出版社教育服务网 www.cmpedu.com 下载，或发送电子邮件至 cmpgaozhi@sina.com 索取。咨询电话：010-88379375。

图书在版编目（CIP）数据

计算机辅助绘图与设计：AutoCAD 2012 上机指导/赵国增主编．—4 版．—北京：机械工业出版社，2014.5（2025.2 重印）
普通高等教育“十一五”国家级规划教材
ISBN 978-7-111-47486-9

Ⅰ.①计…　Ⅱ.①赵…　Ⅲ.①AutoCAD 软件—高等职业教育—教材
Ⅳ.①TP391.72

中国版本图书馆 CIP 数据核字（2014）第 170053 号

机械工业出版社（北京市百万庄大街 22 号　邮政编码 100037）
策划编辑：王玉鑫　责任编辑：王玉鑫　杨　璇
版式设计：赵颖喆　责任校对：张　薇
封面设计：张　静　责任印制：刘　媛
涿州市般润文化传播有限公司印刷
2025 年 2 月第 4 版第 18 次印刷
184mm×260mm · 7.25 印张 · 177 千字
标准书号：ISBN 978-7-111-47486-9
定价：18.00 元

电话服务
客服电话：010-88361066
010-88379833
010-68326294

网络服务
机　工　官　网：www.cmpbook.com
机　工　官　博：weibo.com/cmp1952
金　书　网：www.golden-book.com
机工教育服务网：www.cmpedu.com

第 4 版前言

本书在内容编排上紧扣《计算机辅助绘图与设计——AutoCAD 2012 第 4 版》（书号：46503）教材内容，按照职业教育教学规律，采用项目教学，将 AutoCAD 理论与应用紧密地结合起来，达到上机目的明确、可操作性强、保障技能培养的目的。相信本书必将对计算机辅助绘图与设计课程的教学起到有力的保障作用，收到良好的教学效果。

目前，计算机辅助绘图与设计技术是从事工程领域各项工作的人员必备的技能之一，因此在各类职业教育院校普遍开设这类课程。但在教学实践中，深深体会到教学质量的高低很大程度上取决于上机训练和综合练习，为此，作者将多年教学的经验和积累的教学课题，经过归纳总结编写了本书。

在编写中，注重按照学生的学习规律，经过精心组织、归纳、总结，由浅入深，突出了学生实际操作能力培养，加强了实践性教学环节，强调以学生能力培养为本位，注重学生的创新能力培养，力求做到目的明确、条理清楚，循序渐进、通俗易懂、对学生具有指导性。

全书由上机课题和综合练习题两部分组成，15 个课题的取材全部来自作者多年教学中收到良好效果的上机操作课题。辅助绘图部分以平面图形、零件图、装配图、三维图形为主线，特别加强了三维图形的绘制操作，使学生通过上机操作，能够掌握绘图技能及绘图技巧，达到完全甩开图板、完成各种图样的绘制与出图的目的；二次开发课题选择的均为典型实例，通过训练使学生掌握开发设计的基本思路和能力，领会 AutoCAD 二次开发的强大功能和魅力。综合练习题部分对 AutoCAD 软件系统知识和绘图技能进行了综合训练，以达到全面系统地掌握 AutoCAD 绘图设计能力的目的。

参加本书编写的有赵国增、孟利华、富国亮、张勇。赵国增任主编。

本书主审董振珂认真审阅了书稿，提出了许多建设性的意见，在此表示衷心感谢。本书在编写过程中得到了作者所在单位领导和同行的大力支持，在此一并表示感谢。

尽管作者在本书的编写过程中倾注了大量心血，但书中仍难免存在错误及不妥之处，恳请读者不吝指教。

编　者

第3版前言

随着计算机技术的飞速发展，计算机辅助绘图与设计技术也与之同步日新月异，并已广泛应用于工程界的各个领域，它是技术人员必备的技能之一。目前，各职业技术院校普遍开设这类课程。但在教学实践中，深深体会到教学质量的高低很大程度上取决于上机训练和综合练习，为此，作者将多年教学的经验和积累的教学课题，经过归纳总结，编写了本书。

本书在内容编排上紧扣《计算机辅助绘图与设计——AutoCAD 2006 第3版》教材内容，是在《计算机辅助绘图与设计——AutoCAD 2000 上机指导 第2版》基础上修订而成的，将AutoCAD理论与应用紧密地结合起来，达到上机目的明确、可操作性强、理论联系实际、保障技能培养的目的。相信本书必将对计算机辅助绘图与设计课程的教学起到有利的保障作用，收到良好的教学效果。

本书在编写过程中，注重按照学生的学习规律，经过精心组织、归纳、总结，由浅入深，突出了学生实际应用能力培养，加强了实践性教学环节，充分体现了新知识、新技术、新工艺和新方法，强调以学生能力培养为本位，注重学生的创新能力培养，力求做到目的明确，条理清楚，循序渐进，通俗易懂，系统全面，对学生具有指导性。

全书由上机课题和综合练习题两部分组成，15个课题的取材全部来自作者多年教学中收到良好效果的上机操作课题。辅助绘图部分以平面图形、零件图、装配图、三维图形为主线，特别加强了三维图形的绘制操作，使学生通过上机操作能够掌握绘图技能及绘图技巧，达到完全甩开图板、完成各种图样的绘制与出图的目的；二次开发课题选择的均为典型实例，通过训练使学生掌握开发设计的基本思路和能力，领会AutoCAD二次开发的强大功能和魅力。综合练习题部分对AutoCAD软件系统知识和绘图技能进行了综合训练，以达到全面系统地掌握AutoCAD软件的目的。

参加本书编写的有赵国增、米书田、王振京、张振山、陈永利。赵国增任主编。

本书主审王明耀认真审阅了书稿，提出了许多建设性的意见，在此表示衷心感谢。本书在编写过程中得到了作者所在单位领导和同行的大力支持，在此一并表示感谢。

尽管作者在本书的编写过程中倾注了大量心血，力求完美，但书中仍难免存在错误及不妥之处，恳请读者不吝指教。

编　者

目　　录

第 4 版前言

第 3 版前言

第一部分　上机课题 …… 1

课题一　初识 AutoCAD 2012 系统、文件基本操作及实体绘图命令 …… 1

课题二　实体绘图命令操作 …… 5

课题三　图形编辑命令操作 …… 9

课题四　平面图形绘制综合练习操作 …… 14

课题五　图层设置、管理、特性修改、属性匹配、图案填充操作 …… 21

课题六　文字、表格及尺寸标注操作 …… 28

课题七　块及其属性、AutoCAD 设计中心、工具选项板 …… 40

课题八　零件图绘制综合练习操作 …… 44

课题九　装配图的绘制操作 …… 48

课题十　正等轴测图绘制操作 …… 53

课题十一　三维图形和实体造型的绘制操作 …… 59

课题十二　图形输出操作 …… 72

课题十三　命令组文件和幻灯文件的制作操作 …… 77

课题十四　菜单文件的编制操作 …… 79

课题十五　AutoLISP 语言的编程操作 …… 82

第二部分　综合练习题 …… 88

一、单选题 …… 88

二、多选题 …… 96

三、绘图题 …… 99

参考文献 …… 108

第一部分　上机课题

课题一　初识 AutoCAD 2012 系统、文件基本操作及实体绘图命令

一、目的

1）掌握 AutoCAD 2012 系统的启动和关闭。

2）掌握 AutoCAD 2012 系统的工作空间及切换方法。

3）掌握 AutoCAD 坐标系统。

4）掌握命令的各种输入方法。

5）掌握数据的输入方法。

6）掌握图形文件操作管理命令。

7）熟悉删除（Erase）、特殊点捕捉、图形缩放（Zoom）、设置图形界限（Limits）等命令操作。

8）掌握直线（Line）、点（Point）等实体绘图命令操作。

二、内容

1. AutoCAD 2012 系统的启动

可用多种方法启动 AutoCAD 2012 系统。常用的方法是：

1）使用快捷图标。双击 Windows 桌面上的 AutoCAD 2012 系统快捷图标。

2）使用 Windows“开始”按钮，即：开始→所有程序→Autodesk→AutoCAD 2012→Simplified Chinese→AutoCAD 2012。

另外、还可以双击图形文件名图标。

2. 认识 AutoCAD 2012 系统的工作空间

AutoCAD 2012 系统提供了多个工作空间，包括“草图与注释”“三维基础”“三维建模”“AutoCAD 经典”及自定义工作空间等。

（1）切换工作空间方法　绘图时，可以根据自己的绘图习惯和需要，在 AutoCAD 的多个工作空间界面之间进行切换，具体操作方法如下：

1）下拉菜单。“工具→工作空间”，在弹出的级联菜单中选择所需的工作空间。

2）工具条。在“工作空间”工具条上，单击“工作空间控制”下拉列表箭头，在弹出的下拉列表中选择所需的工作空间。

3）状态栏。单击状态栏上的“切换工作空间”按钮，在弹出的按钮菜单中选择所需的工作空间。

4）快速访问工具栏。单击“工作空间”右侧的下拉箭头，在弹出的下拉列表中选择所需要的工作空间。

（2）工作空间界面　当启动 AutoCAD 2012 系统后，进入其工作空间。工作空间是由分组组织的菜单、工具栏、选项板和功能区控制面板组成的集合，使用户可以在专门的、面向任务的绘图环境中工作。使用工作空间时，只会显示与任务相关的菜单、工具栏和选项板。但在各个工作空间中都包含“菜单浏览器”按钮，快速访问工具栏、标题栏、绘图窗口、命令窗口、状态栏等。

通过工作空间切换来了解系统提供的不同工作空间界面：“草图与注释”工作空间、“AutoCAD 经典”工作空间、“三维基础”工作空间和“三维建模”工作空间。

3. 命令和数据的输入方法

（1）命令的输入方法　命令可由工具条、下拉菜单、右键快捷菜单、图形输入板菜单、按钮菜单及键盘等方法输入。另外，按 Enter 键可重复最近执行的命令、有些命令可采用嵌套（透明）命令输入。

（2）数据的输入方法　数据的输入有多种方法：

1）点坐标输入。它包括绝对坐标输入、相对坐标输入、特殊点捕捉输入、直接距离输入（“方向 + 距离”输入）、距离的输入（直接输入一个数值、用点坐标决定一个距离）。

2）位移量的输入。它可由两点的坐标差决定一个位移、用点的坐标决定一个位移。

3）角度的输入。它可直接输入角度值、通过两点确定一个角度值。

4. 绘制平面图形

绘制平面图形 1，如图 1-1 所示。

操作过程：

1）启动系统。启动 AutoCAD 2012 进入绘图界面，可使用“草图与注释”工作空间，或“AutoCAD 经典”工作空间。

2）设置屏幕绘图范围。调用 Limits 命令，设置屏幕绘图范围为 120 × 80。使用缩放（Zoom）命令使设置的绘图幅面充满屏幕。

当采用动态输入时，光标提示及其说明，如图 1-2 所示。

3）绘图操作。过程：

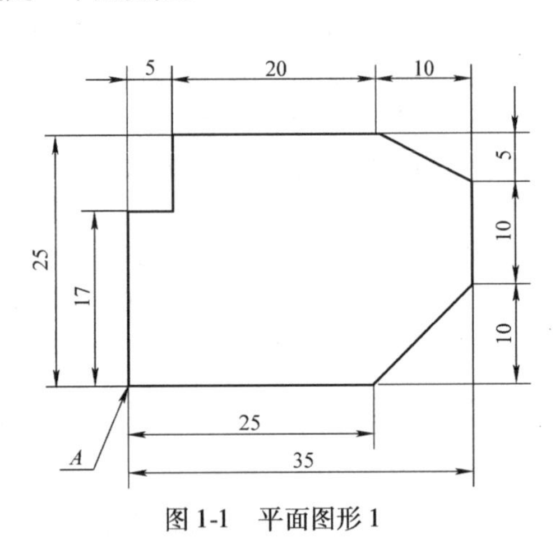

图 1-1　平面图形 1

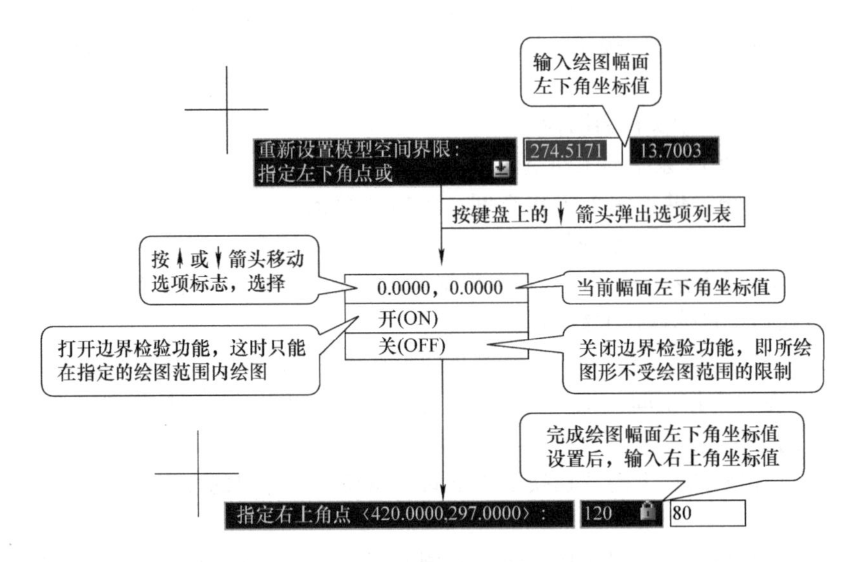

图 1-2　动态输入时光标提示及其说明

调用直线命令。

Line 指定第一点：（移动光标到屏幕左下角合适位置，单击鼠标左键，完成起始点 *A* 的指定）

在状态栏上选择“正交”按钮，沿水平或垂直方向移动光标。

指定下一点或［放弃（U）］：直接输入数值25↓（将光标放置水平位置，即将橡皮筋线沿直线绘制方向拉伸）

指定下一点或［放弃（U）］：@10，10↓（输入相对坐标）

指定下一点或［闭合（C）/放弃（U）］：直接输入数值10↓（将光标放置垂直位置，即将橡皮筋线沿直线绘制方向拉伸）

指定下一点或［闭合（C）/放弃（U）］：@－10，5↓（输入相对坐标）

指定下一点或［闭合（C）/放弃（U）］：直接输入数值20↓（将光标放置水平位置，即将橡皮筋线沿直线绘制方向拉伸）

指定下一点或［闭合（C）/放弃（U）］：直接输入数值8↓（将光标放置垂直位置，即将橡皮筋线沿直线绘制方向拉伸）

指定下一点或［闭合（C）/放弃（U）］：直接输入数值5↓（将光标放置水平位置，即将橡皮筋线沿直线绘制方向拉伸）

指定下一点或［闭合（C）/放弃（U）］：C↓（闭合线段）

完成图形绘制，如图1-1所示。

4）将绘制的图1-1所示的图形文件存盘。使用“存盘”命令、“文件”下拉菜单、“快速访问”工具栏以及“菜单浏览器”按钮等方法进行文件的“保存”、“另存为”的存盘操作。

三、练习

1）绘制图1-3所示的平面图形2。

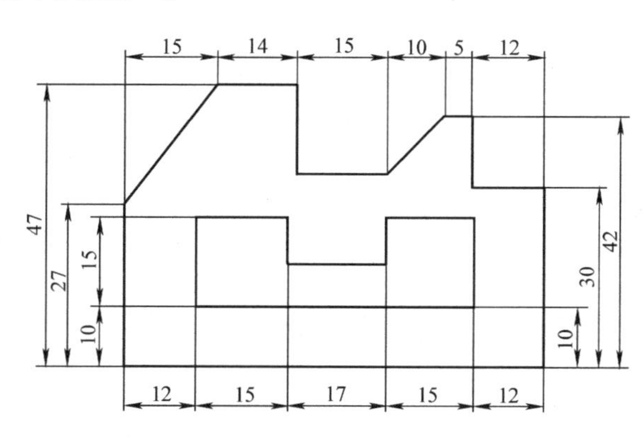

图1-3　平面图形2

在另一个新的图形文件中绘制该图形。仍然采用图1-1所设置的文件绘图环境。此时，为了方便起见，可使用“另存为”对话框，将图1-1所示的图形文件另存盘为一个新文件，用“删除”命令将原图形全部删除，此时，可进行新的图形的绘制。

在后面将介绍样板图的设置及使用，可大大提高绘图操作效率。

在绘图时，要经常对绘制的图形进行存盘操作。

2）绘制图1-4所示的平面图形3。

3）绘制图1-5所示的平面图形4。

4）绘制图1-6所示的平面图形5。

5）绘制图1-7所示的平面图形6。

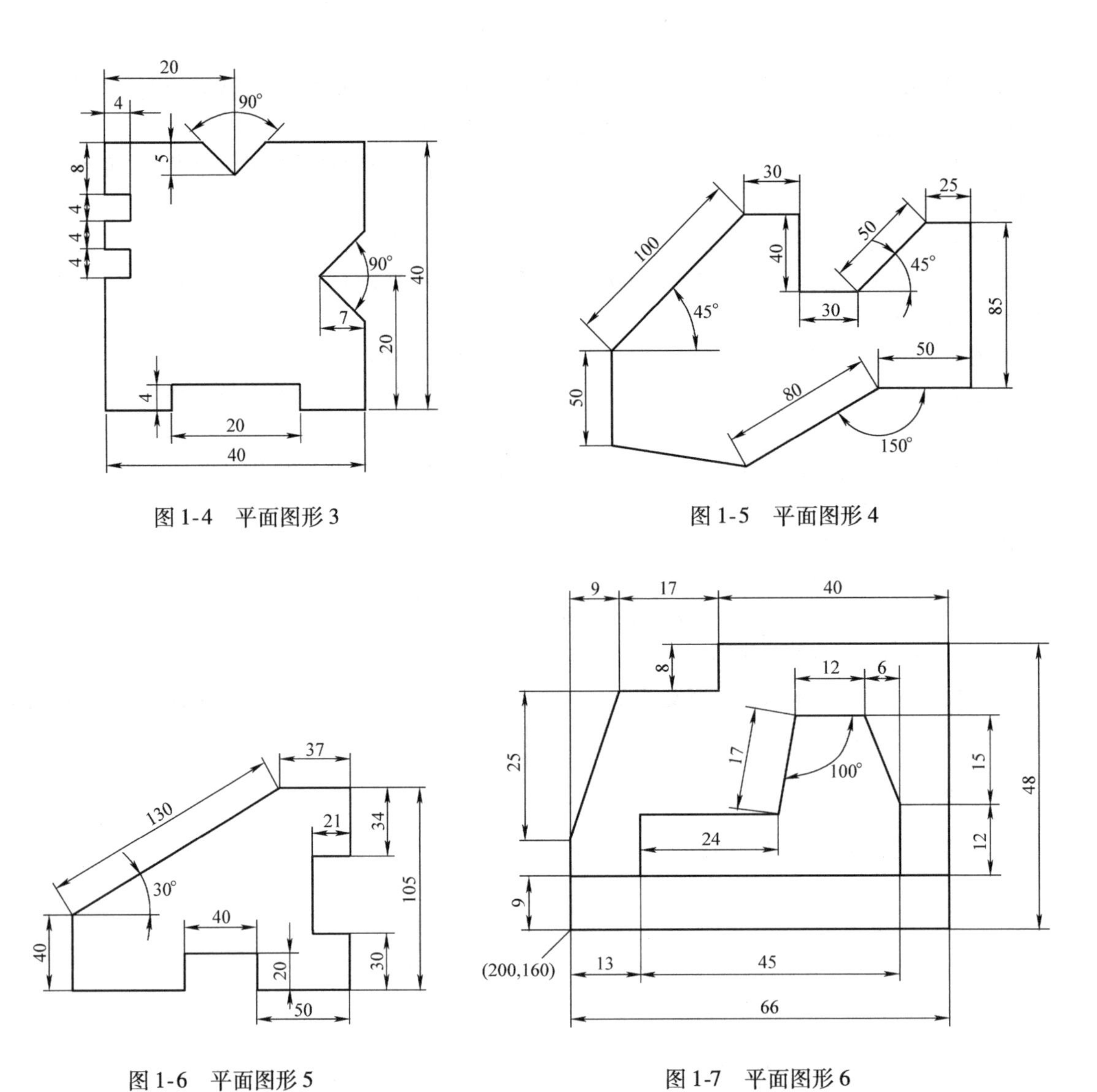

图 1-4　平面图形 3

图 1-5　平面图形 4

图 1-6　平面图形 5

图 1-7　平面图形 6

四、AutoCAD 2012 系统的退出以及关闭计算机

通过操作退出 AutoCAD 2012 系统。

如果文件没有存盘，则屏幕上将出现 AutoCAD（提示）对话框，按提示进行文件是否存盘及是否退出 AutoCAD 2012 系统等操作。

退出 AutoCAD 2012 系统后，关闭计算机。

课题二　实体绘图命令操作

一、目的

1）掌握实体绘图命令的各种输入方法，如：工具条、下拉菜单、功能区面板、键盘等。

2）掌握数据的输入方法。

3）掌握特殊点的输入方法。用线段端点、圆或圆弧的圆心、切点、交点的捕捉方法输入点。

4）掌握缩放图形界限设置命令（Limits）和缩放命令（Zoom）的使用方法。

二、内容

1. 启动 AutoCAD 2012 软件系统进入默认绘图状态

2. 设置基本的绘图环境

用 Limits 命令设置图纸幅面为 120×80，用 Zoom 命令使设置的幅面充满屏幕。

3. 绘制图 2-1 所示的平面图形 7（不标注尺寸）

（1）绘图图形　调用直线命令。

指定第一点：(用光标在屏幕的左下方任选一点)

指定下一点或［放弃（U）］：直接输入数值 60↓（将光标放置水平位置，即将橡皮筋线沿水平直线向右方向拉伸）

指定下一点或［放弃（U）］：直接输入数值 40↓（将光标放置垂直位置，即将橡皮筋线沿直线垂直向上方向拉伸）

指定下一点或［闭合（C）/放弃（U）］：直接输入数值 30↓（将光标放置水平位置，即将橡皮筋线沿水平直线向左方向拉伸）

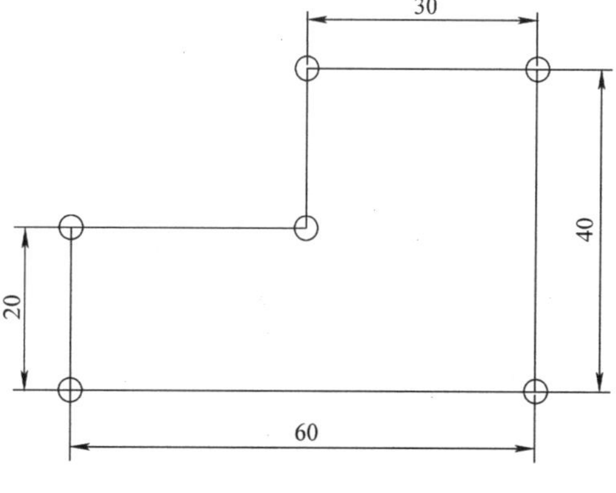

图 2-1　平面图形 7

指定下一点或［闭合（C）/放弃（U）］：直接输入数值 20↓（将光标放置垂直位置，即将橡皮筋线沿直线垂直向下方向拉伸）

指定下一点或［闭合（C）/放弃（U）］：直接输入数值 30↓（将光标放置水平位置，即将橡皮筋线沿水平直线向左方向拉伸）

指定下一点或［闭合（C）/放弃（U）］：C↓（闭合图形）

（2）绘制点

1）设置点样式，单击下拉菜单“格式”→“点样式”，此时屏幕上弹出“点样式”对话框。

2）将“点大小”设置为 8%，并选择“相对于屏幕设置大小”单选按钮。

3）选取图中第二行第二列所对应的点的样式，并单击“确定”按钮，返回作图屏幕。

4）调用 Point 命令。在“按指定点：”提示下可连续输入点完成点的绘制。在绘制点时，可采用端点捕捉方式。

4. 绘制图 2-2 所示锤子的平面图形（不标注尺寸）

调用直线命令。

指定下一点或［放弃（U）］：8↓（单击状态栏“正交”按钮打开正交状态）

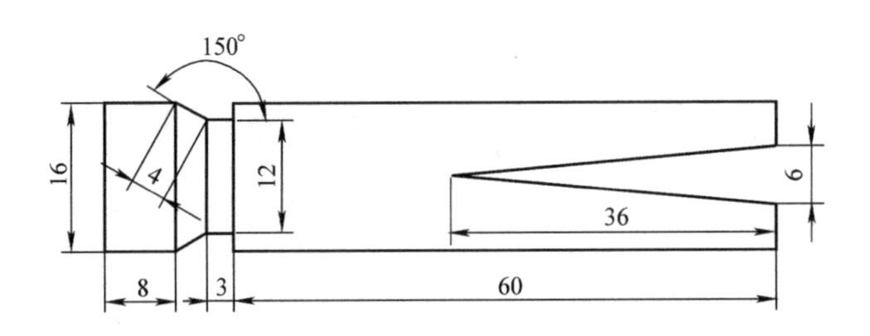

图 2-2　锤子的平面图形

指定下一点或［放弃（U）］：@4 <30↓（单击状态栏“正交”按钮关闭正交状态）
指定下一点或［闭合（C）/放弃（U）］：3↓（单击状态栏“正交”按钮打开正交状态）
指定下一点或［闭合（C）/放弃（U）］：2↓
指定下一点或［闭合（C）/放弃（U）］：60↓
指定下一点或［闭合（C）/放弃（U）］：5↓
指定下一点或［闭合（C）/放弃（U）］：@ -36，3↓（单击状态栏“正交”按钮关闭正交状态）
指定下一点或［闭合（C）/放弃（U）］：@36，3↓
指定下一点或［闭合（C）/放弃（U）］：5↓（单击状态栏“正交”按钮打开正交状态）
指定下一点或［闭合（C）/放弃（U）］：60↓
指定下一点或［闭合（C）/放弃（U）］：2↓
指定下一点或［闭合（C）/放弃（U）］：3↓
指定下一点或［闭合（C）/放弃（U）］：@4 <150↓（单击状态栏“正交”按钮关闭正交状态）
指定下一点或［闭合（C）/放弃（U）］：8↓（单击状态栏“正交”按钮打开正交状态）
指定下一点或［闭合（C）/放弃（U）］：C↓
采用端点捕捉绘制三条垂直线，完成图形。

三、绘图练习

1）绘制图 2-3 所示的腰圆平面图（不标注尺寸）。设置图纸幅面为 120 × 80。
2）绘制图 2-4 所示的拱形平面图（不标注尺寸）。设置图纸幅面为 297 × 210。

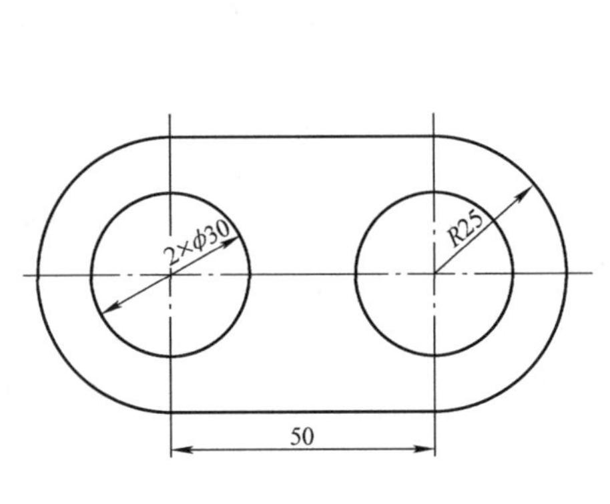

图 2-3　腰圆平面图

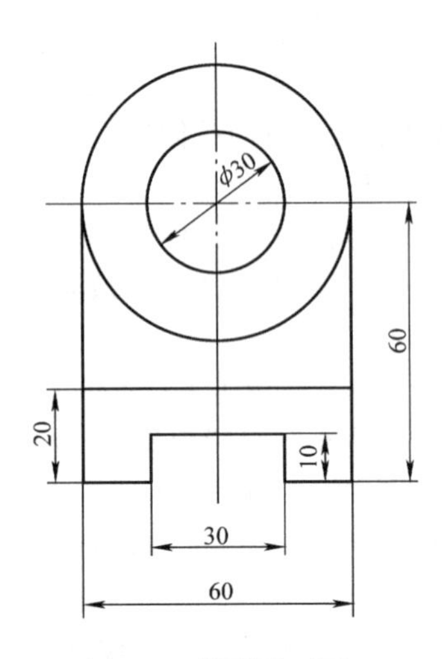

图 2-4　拱形平面图

3）绘制图 2-5 所示的样板平面图（不标注尺寸）。设置图纸幅面为 120 × 80。

4）根据图 2-6 所示的尺寸绘制标题栏（不标注尺寸和注写文字）。设置绘图界限 297×210。

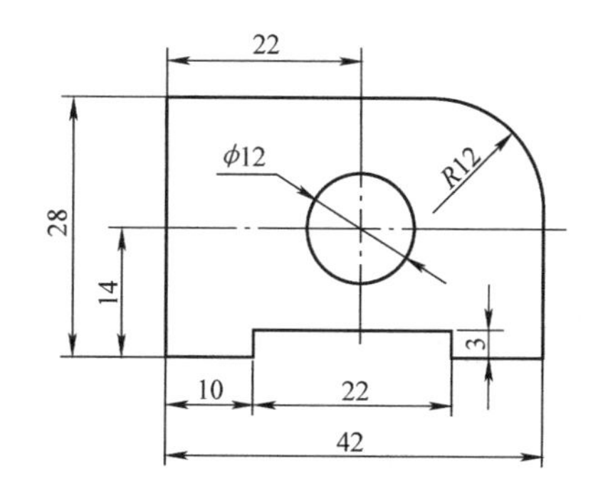

图 2-5　样板平面图

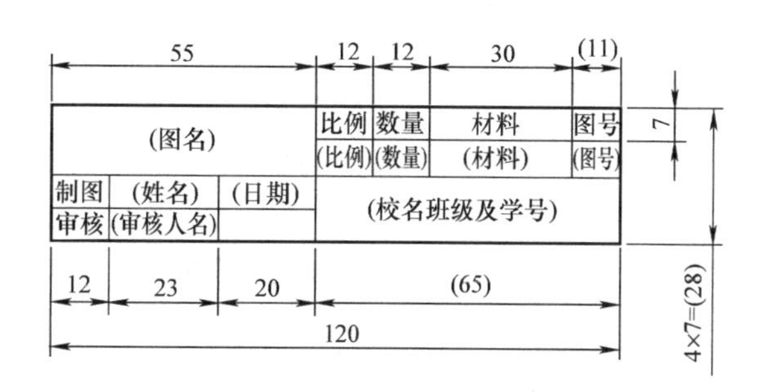

图 2-6　标题栏

5）绘制图 2-7 所示的平面图形 8（不标注尺寸）。设置绘图界限 120×100。

6）绘制图 2-8 所示的平面图形 9（不标注尺寸）。设置绘图界限 120×100。

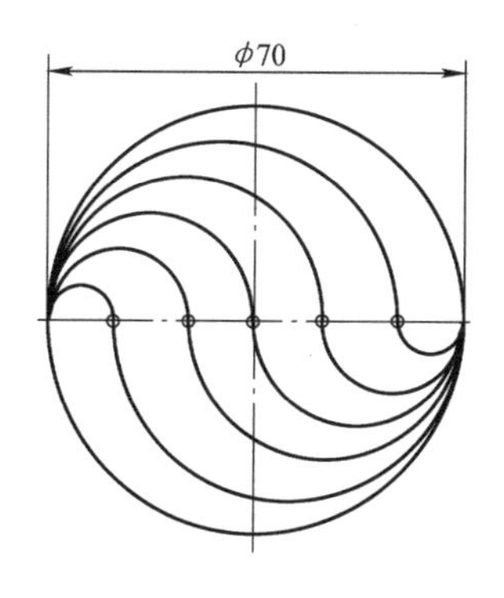

图 2-7　平面图形 8

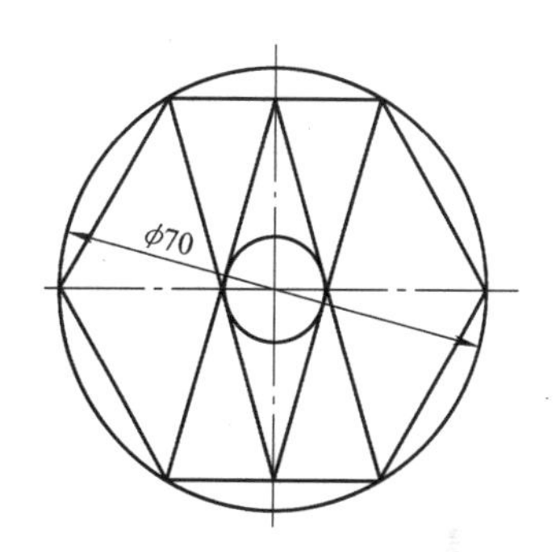

图 2-8　平面图形 9

7）绘制图 2-9 所示的平面图形 10（不标注尺寸）。设置绘图界限 120×100。

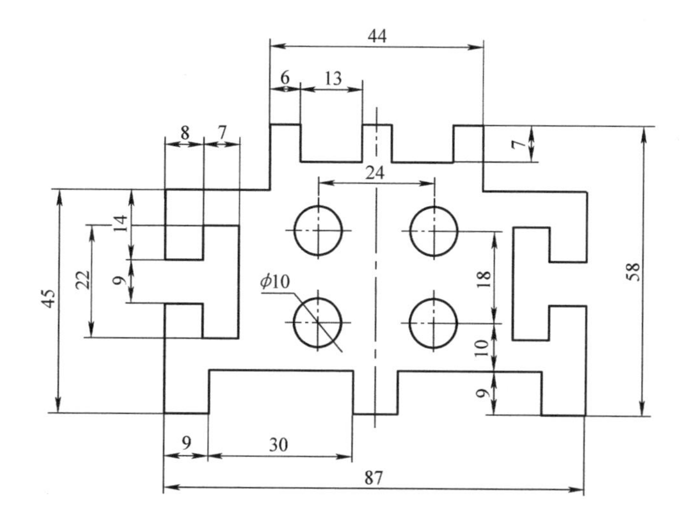

图 2-9　平面图形 10

8）绘制图 2-10 所示的平面图形 11（不标注尺寸）。设置绘图界限 120 × 100。

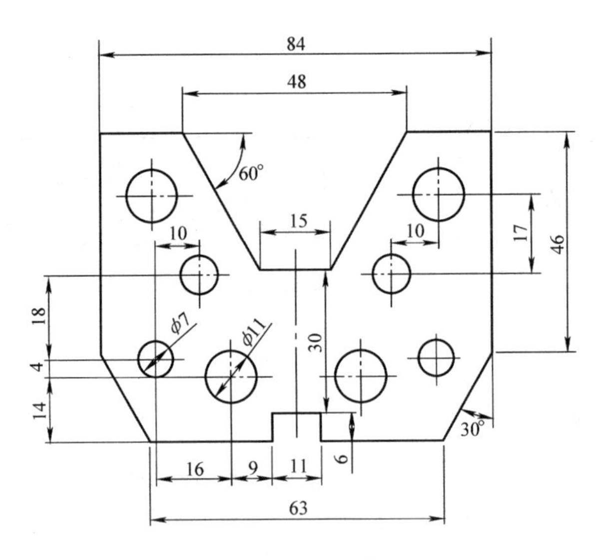

图 2-10　平面图形 11

课题三　图形编辑命令操作

一、目的

1）掌握选择编辑目标的方法。

2）掌握图形编辑命令的各种输入方法，如工具条、下拉菜单、功能区面板、键盘等。

3）掌握图形编辑命令的使用。

4）掌握剪贴板复制图形操作。

5）掌握夹点编辑操作。

6）掌握实体快速选择。

二、内容

1. 启动 AutoCAD 2012 软件系统进入默认绘图状态

2. 设置基本的绘图环境

用 Limits 命令设置图纸幅面为 297×210，用 Zoom 命令使设置的幅面充满屏幕。

3. 绘制图 3-1 所示的轴的图形（不标注尺寸）

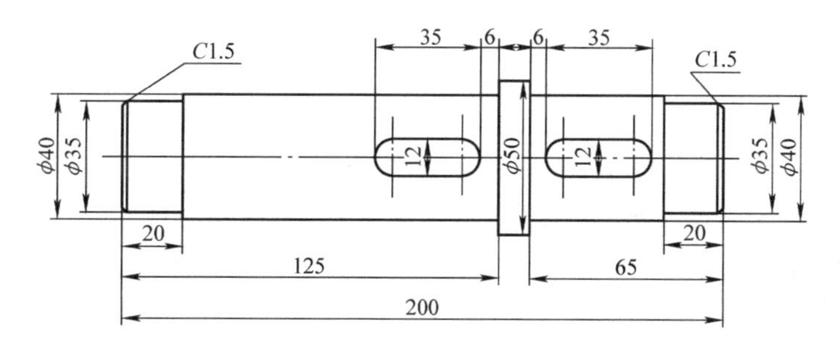

图 3-1　轴的图形

（1）绘制中心线和垂直线

1）用直线命令绘制中心线。

2）用直线命令绘制最右端直线。

3）用偏移命令分别选定直线目标和设置偏距离进行直线的操作。

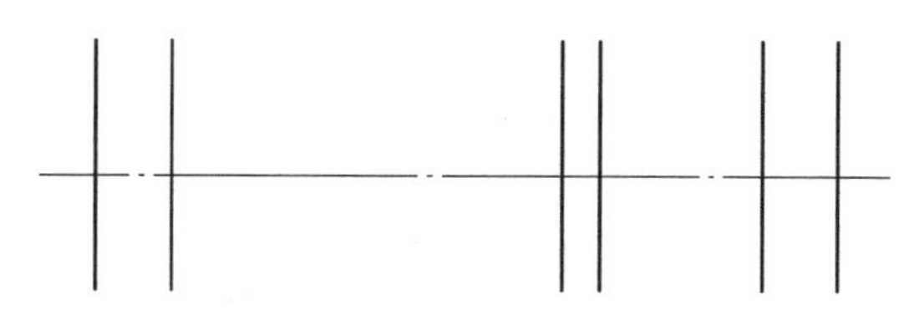

图 3-2　绘图过程 1

完成图形如图 3-2 所示。

（2）绘制轴的水平外部轮廓线　采用偏移命令选择轴线并分别设置偏移距离完成直线绘制。

操作过程：

调用偏移命令（Offset）

当前设置：删除源＝否　图层＝源　OffsetGaptype＝0

指定偏移距离或［通过（T）/删除（E）/图层（L）］〈50.0000〉：L↓（设置偏移目标的图层）

输入偏移对象的图层选项［当前(C)/源(S)］〈源〉：C↓（当偏移对象放置在当前图层上）

指定偏移距离或［通过（T）/删除（E）/图层（L）］〈50.0000〉：17.5↓（偏移距离）

选择要偏移的对象，或［退出（E）/放弃（U）］〈退出〉：(用光标选择偏移目标)

指定要偏移的那一侧上的点，或［退出（E）/多个（M）/放弃（U）］〈退出〉：（用光标指定偏移一侧）（当选择 M 回车后可向两侧绘制偏移对象，在该例中可省去下面步骤）

选择要偏移的对象，或［退出（E）/放弃（U）］〈退出〉：（用光标选择偏移目标）

指定要偏移的那一侧上的点，或［退出（E）/多个（M）/放弃（U）］〈退出〉：（用光标指定偏移另一侧）

选择要偏移的对象，或［退出（E）/放弃（U）］〈退出〉：↓（退出该命令）

重复操作，完成各直线的绘制如图 3-3 所示。

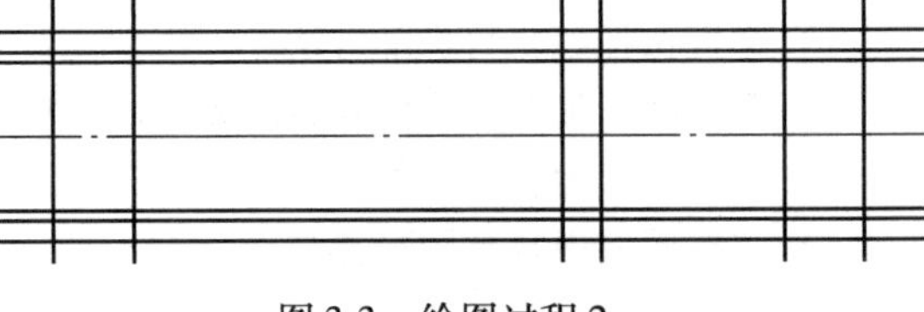

图 3-3　绘图过程 2

(3) 图形编辑修改　用删除（Erase）、修剪（Trim）和倒角命令完成图形编辑修改。

采用特殊点捕捉，用直线命令绘制倒角后的两条垂直线。

具体操作过程略。

完成图形如图 3-4 所示。

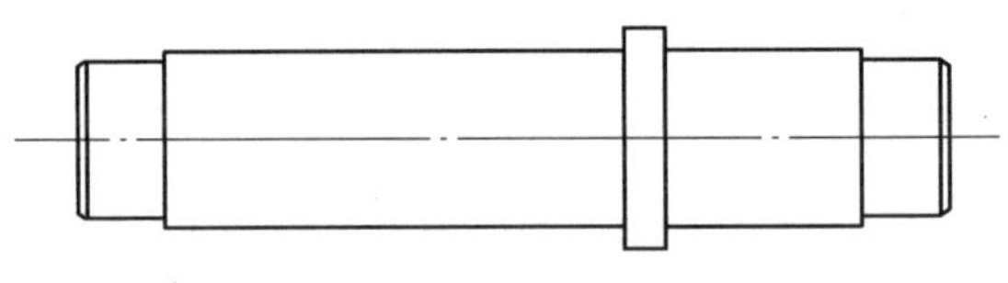

图 3-4　绘图过程 3

(4) 绘制键槽　绘制一个键槽，根据尺寸确定二个半圆的中心，并绘制该键槽，采用复制命令完成另一个键槽的绘制，完成图形，然后采用编辑命令，特别是夹点命令，修改不合适的线段长度，如中心线等，完成整个图形如图 3-1 所示。

4. 绘制图 3-5 所示的平面图形 12

(1) 绘制作图辅助线

1）使用直线命令绘制水平和垂直中心线。

2）使用旋转命令并采用复制选项旋转垂直线，完成其中一条中心线的绘制（与垂直中心线夹角为 30°）。

3）使用镜像命令完成另一条中心线的绘制（两条中心线夹角为 60°）。

4）绘制半径为 *R*55 的圆弧的作图辅助线，画一完整圆再用打断、修剪和删除命令，删除多余的线段。

完成图形如图 3-6 所示。

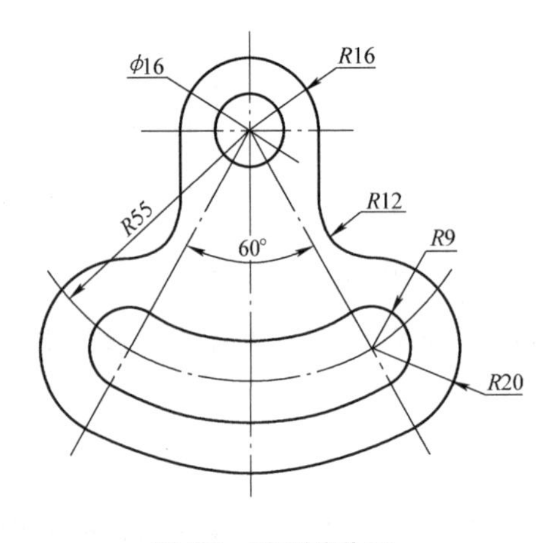

图 3-5　平面图形 12

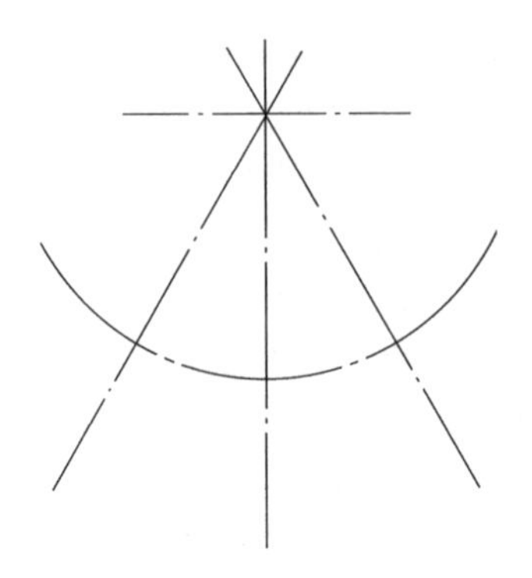

图 3-6　作图过程 1

(2) 绘制外部轮廓

1）绘制 *R*16 的圆。

2）绘制 $R20$ 的 2 个圆。

3）绘制 $R75$ 的圆。

4）绘制 $R16$ 圆的 2 条垂直切线。

5）用圆角命令完成 $R12$ 的 2 个连接圆弧的绘制。

6）使用修剪命令完成图形的编辑修改。

完成图形如图 3-7 所示。

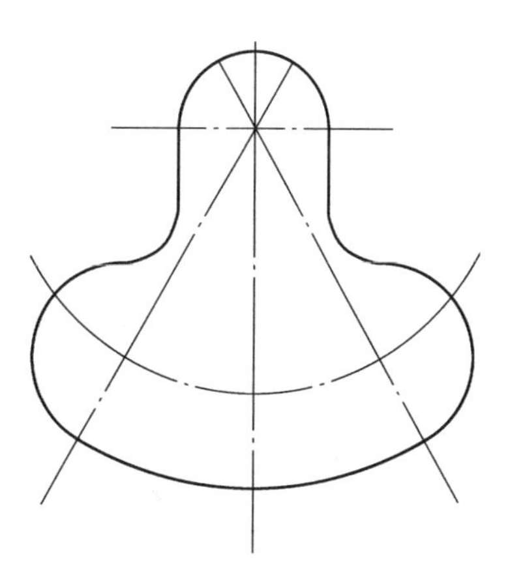

图 3-7　作图过程 2

（3）绘制轮廓内图形

1）绘制 $\Phi16$ 的圆。

2）绘制 $R9$ 的 2 个圆。

3）绘制与 $R9$ 相切的 2 个圆。

4）用修剪命令完成图形修改。

（4）修改检查图形　完成图形后可对多余的线段进行删除，对不合适的线段进行修改，在编辑修改时，经常采用夹点编辑操作。

完成的图形如图 3-5 所示。

注意：在作图和编辑图形时，要经常使用一些特殊点的捕捉。

三、绘图练习

1）绘制图 3-8 所示的轴的图形（不标注尺寸）。设置绘图界限 297×210。

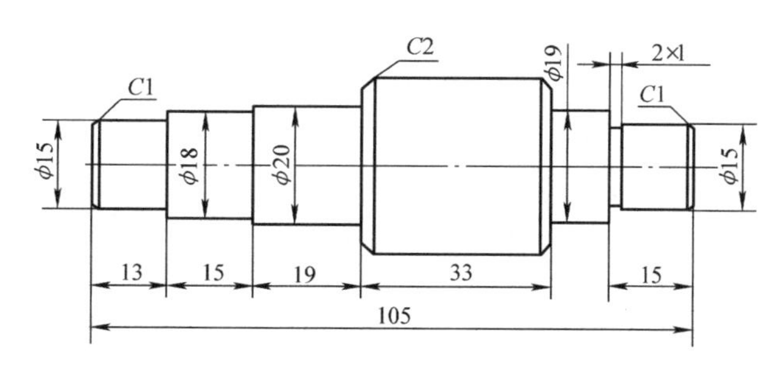

图 3-8　轴的图形

2）绘制图 3-9 所示的平面图形 13（不标注尺寸）。设置绘图界限 297×210。

3）绘制图 3-10 所示的平面图形 14（不标注尺寸）。设置绘图界限 297×210。

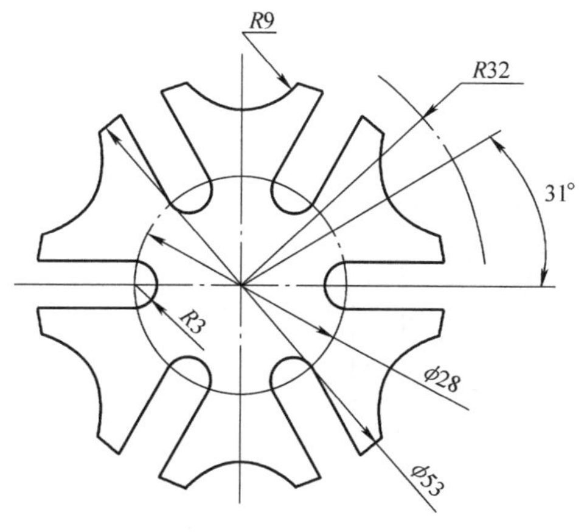

图 3-9　平面图形 13

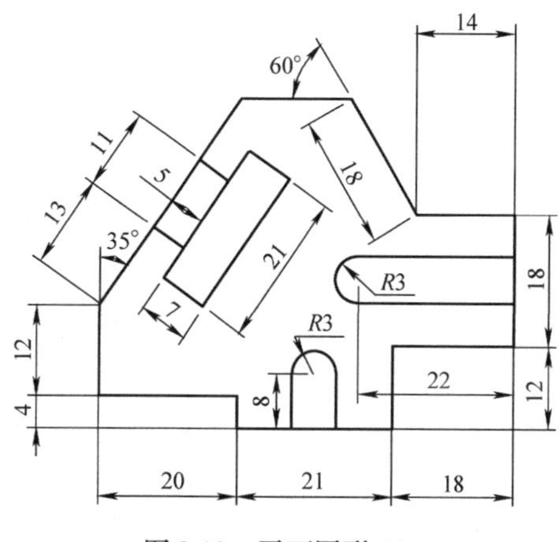

图 3-10　平面图形 14

4）绘制图 3-11 所示的平面图形 15（不标注尺寸）。

5）绘制图 3-12 所示的平面图形 16（不标注尺寸）。

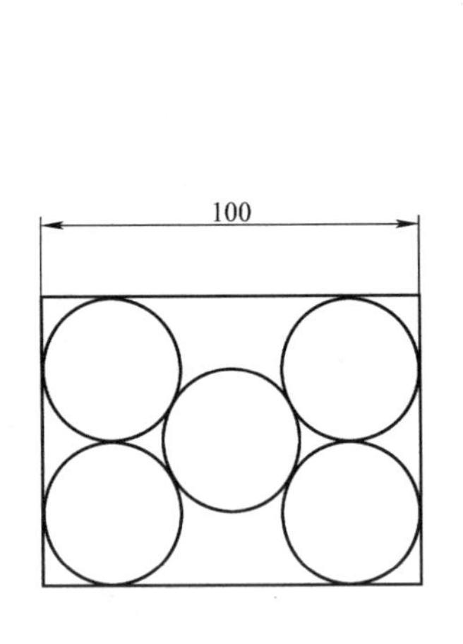

图 3-11　平面图形 15

图 3-12　平面图形 16

6）绘制图 3-13 所示的平面图形 17（不标注尺寸）。

7）绘制图 3-14 所示的平面图形 18。

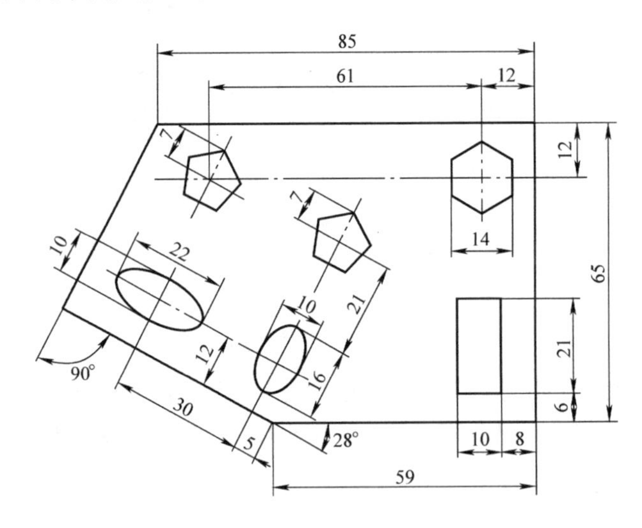

图 3-13　平面图形 17

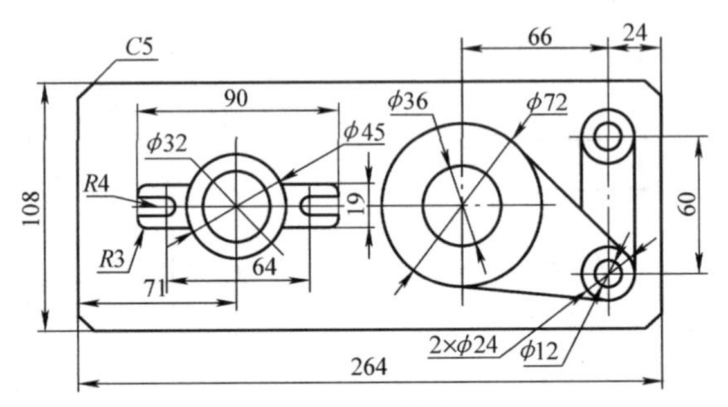

图 3-14　平面图形 18

8）绘制图 3-15 所示的平面图形 19。

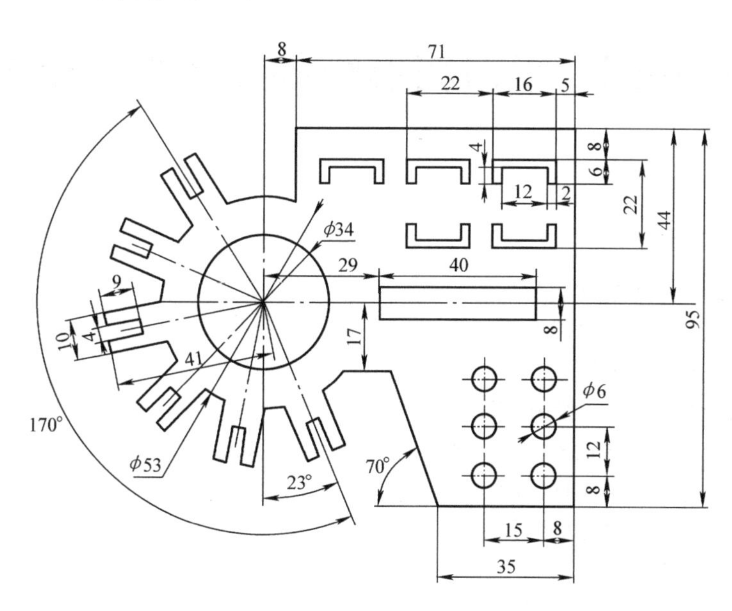

图 3-15　平面图形 19

课题四　平面图形绘制综合练习操作

一、目的

1）熟练掌握绘图命令的功能及操作。
2）熟练掌握编辑命令的功能及操作。
3）掌握用户坐标系的使用。
4）掌握精确绘图工具的设置和应用。
5）掌握对象捕捉命令的输入方法，如工具条、快捷菜单等。
6）掌握对象追踪和极轴坐标追踪的应用。
7）掌握绘图工具设置命令的应用。
8）掌握单位的设置。
9）掌握状态栏的使用。
10）掌握图形显示控制的各种操作使用。
11）掌握图形参数显示的各种操作使用。
12）熟悉功能键、控制键的作用。

二、内容

1. 启动 AutoCAD 2012 软件系统进入默认绘图状态

2. 设置基本的绘图环境

用 Limits 命令设置图纸幅面为 297×210，用 Zoom 命令使设置的幅面充满屏幕。

3. 绘制图 4-1 所示的吊钩的平面图形（不标注尺寸）

（1）绘制作图辅助线

1）用直线命令绘制垂直辅助线。

2）用直线命令绘制水平辅助线，其中一条辅助线用偏移命令绘制，并用夹点编辑改变长度。

完成图形如图 4-2 所示。

（2）绘制直线段轮廓线　用偏移命令绘制各直线段，完成图形如图 4-3 所示。

（3）修改图形　采用修剪、删除命令和夹点编辑，对图形进行编辑，完成图形如图 4-4 所示。

（4）完成各段圆弧的绘制　绘制出圆弧所在的圆，完成图形如图 4-5 所示。

（5）采用倒圆角命令完成连接圆弧的绘制　完成图形如图 4-6 所示。

（6）编辑修改图形　采用倒角命令和直线命令，完成倒角结构的绘制；采用修剪、删除命令和夹点编辑，编辑修改图形，完成图形如图 4-1 所示。

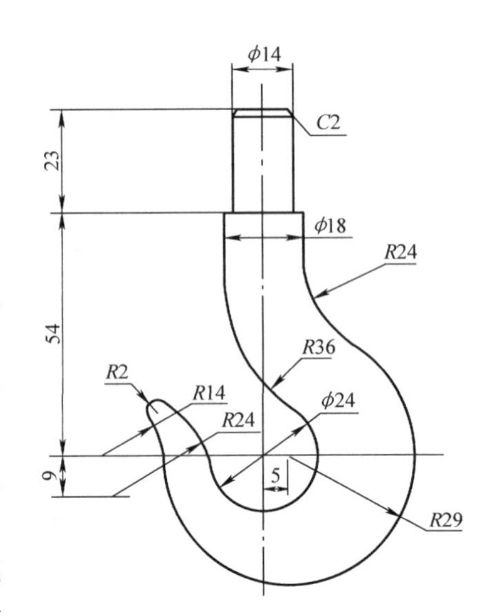

图 4-1　吊钩的平面图形

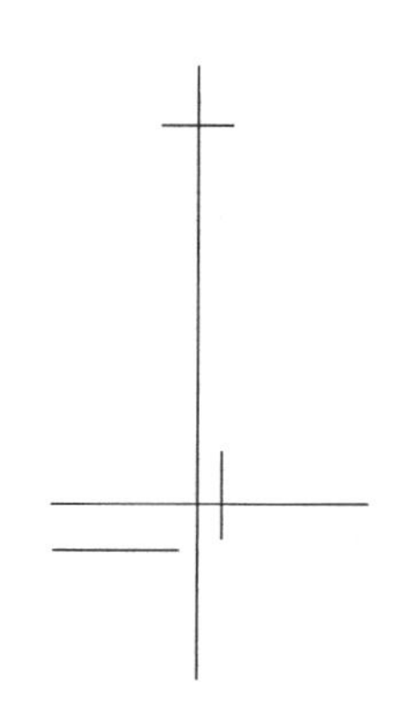

图 4-2　作图过程 1

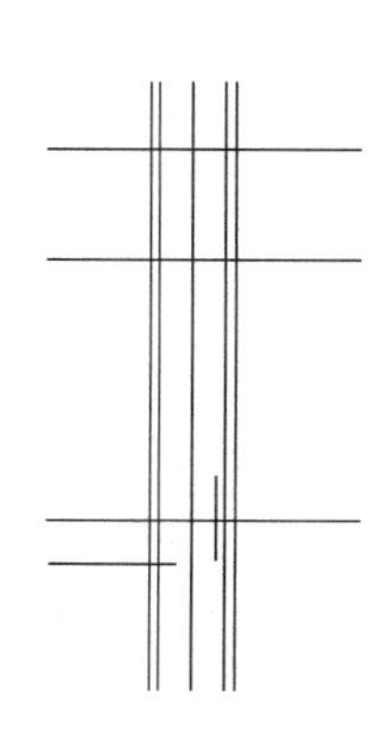

图 4-3　作图过程 2

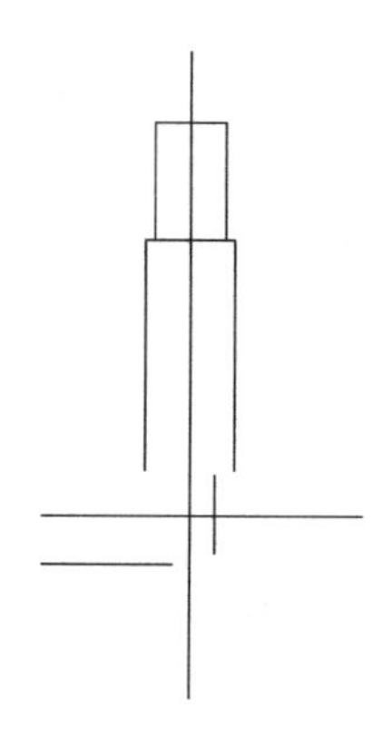

图 4-4　作图过程 3

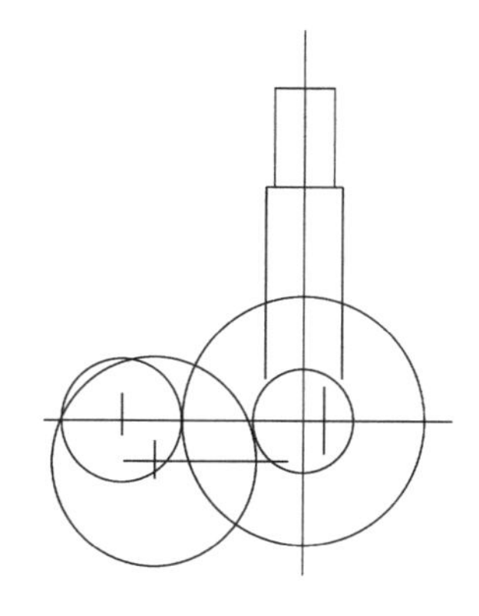

图 4-5　作图过程 4

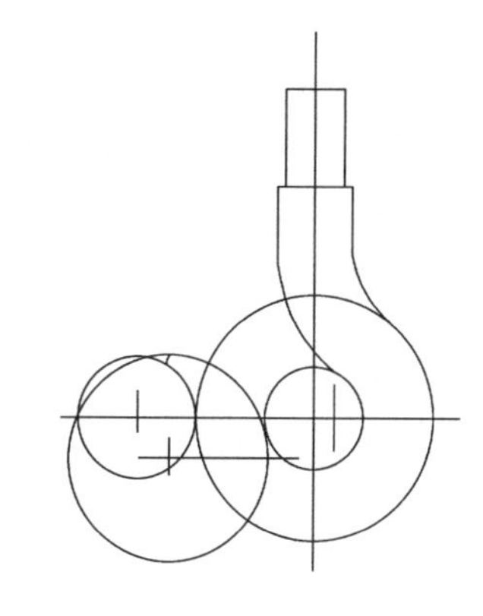

图 4-6　作图过程 5

4. 绘制图 4-7 所示的平面图形 20

（1）绘制外部轮廓　使用极轴追踪、对象追踪、特殊点捕捉，调用直线命令，并使用倒角编辑命令等完成外部轮廓的绘制。

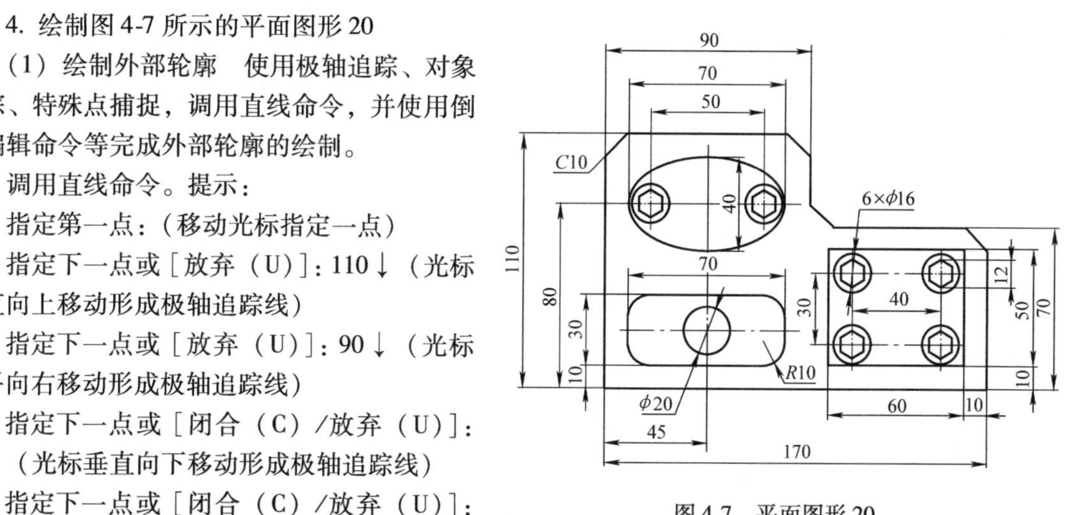

图 4-7　平面图形 20

调用直线命令。提示：

指定第一点：（移动光标指定一点）

指定下一点或［放弃（U）］：110↓（光标垂直向上移动形成极轴追踪线）

指定下一点或［放弃（U）］：90↓（光标水平向右移动形成极轴追踪线）

指定下一点或［闭合（C）/放弃（U）］：40↓（光标垂直向下移动形成极轴追踪线）

指定下一点或［闭合（C）/放弃（U）］：80↓（光标水平向右移动形成极轴追踪线）

指定下一点或［闭合（C）/放弃（U）］：（将光标垂直向下移动、用光标捕捉起始点并水平向右移动，此时两个追踪线相交，按下鼠标左键，完成长度为 70 的垂直线）

指定下一点或［闭合（C）/放弃（U）］：（捕捉起始点完成轮廓图形）

调用倒角命令（Chamfer）。提示：

(“修剪”模式) 当前倒角距离 1 = 1.0，距离 2 = 1.0

选择第一条直线或 [放弃 (U) /多段线 (P) /距离 (D) /角度 (A) /修剪 (T) /方式 (E) /多个 (M)]：D↓

指定第一个倒角距离〈10.0〉：10↓

指定第二个倒角距离〈10.0〉：↓

选择第一条直线或 [放弃 (U) /多段线 (P) /距离 (D) /角度 (A) /修剪 (T) /方式 (E) /多个 (M)]：M↓ (一次完成多个倒角)

选择第一条直线或 [放弃 (U) /多段线 (P) /距离 (D) /角度 (A) /修剪 (T) /方式 (E) /多个 (M)]：(选择倒角的第一条线)

选择第二条直线，或按住 Shift 键选择要应用角点的直线：(选择倒角的第二条线)

可连续完成多个倒角。

完成图形如图 4-8 所示。

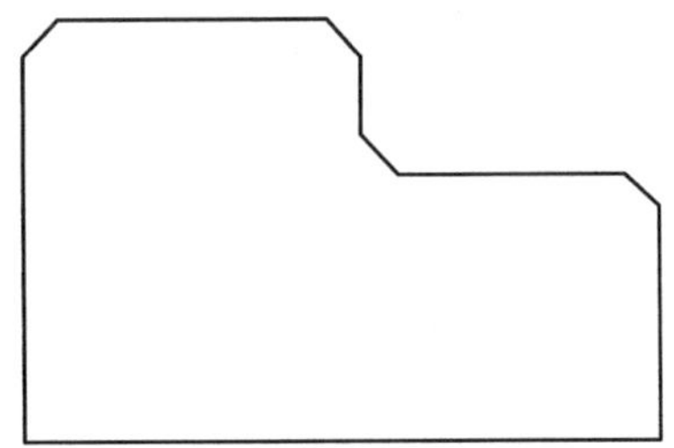

图 4-8　完成的外部轮廓图形

(2) 绘制椭圆及内部图形　调用椭圆命令。提示：

指定椭圆的轴端点或 [圆弧 (A) /中心点 (C)]：C↓ (指定椭圆圆心绘制椭圆)

指定椭圆的中心点：_tt 指定临时对象追踪点：80↓ (采用临时追踪捕捉 *A* 点，垂直向上移动光标，造成垂直追踪线，此时输入 80，产生临时追踪点)

指定椭圆的中心点：45↓ (在产生的临时追踪点处，向右移动光标，形成水平追踪线，此时输入 45，即为椭圆的圆心)

追踪过程如图 4-9 所示。

指定轴的端点：35↓ (指定椭圆轴的端点)

指定另一条半轴长度或 [旋转 (R)]：20↓ (指定另一个轴的长度)

完成椭圆的绘制。

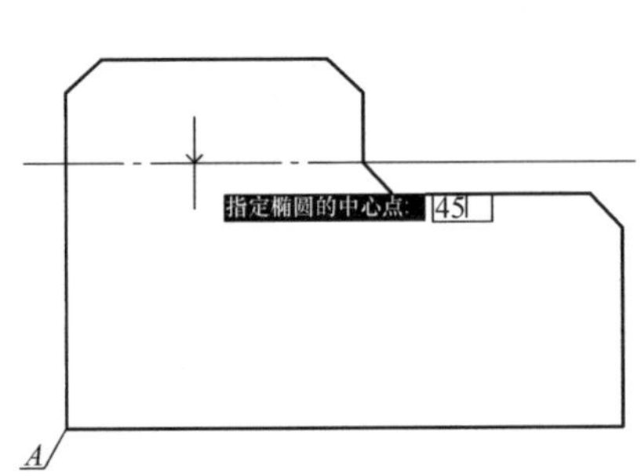

图 4-9　确定椭圆圆心的追踪过程

调用圆命令。提示：

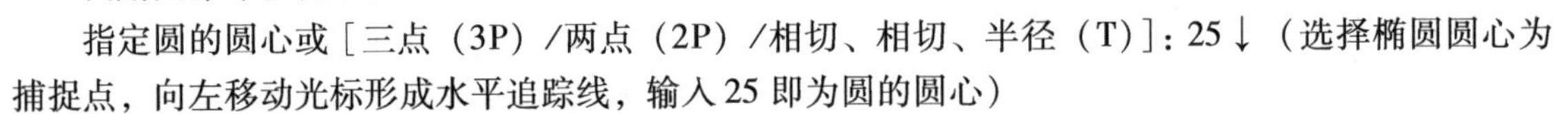

指定圆的圆心或 [三点 (3P) /两点 (2P) /相切、相切、半径 (T)]：25↓ (选择椭圆圆心为捕捉点，向左移动光标形成水平追踪线，输入 25 即为圆的圆心)

指定圆的半径或 [直径 (D)]〈10.0〉：8↓ (输入圆的半径)

完成圆的绘制。

绘制正六边形。

调用绘制多边形命令。提示：

输入边的数目〈4〉：6↓ (输入正多边形边数)

指定正多边形的中心点或 [边 (E)]：(选择用特殊点捕捉工具，捕捉圆的圆心为正多边形的中心点)

输入选项 [内接于圆 (I) /外切于圆 (C)]〈I〉：I↓ (用内接于圆方式绘制正多边形)

指定圆的半径：6↓ (指定内接圆的半径)

调用旋转命令：提示：

UCS 当前的正角方向：　ANGDIR = 逆时针　ANGBASE = 0

选择对象：(选择正六边形)

选择对象：↓ (完成对象选择)

指定基点：(用特殊点捕捉工具捕捉圆心为基点)

指定旋转角度，或［复制（C）/参照（R）］〈90〉：90↓（将正多边形旋转90°）

完成正六边形绘制。

调用镜像命令。提示：

选择对象：(选择圆和正六边形为镜像对象)

选择对象：↓（完成对象选择）

指定镜像线的第一点：（用特殊点捕捉工具，捕捉椭圆的圆心为镜像线的第一点）

指定镜像线的第二点：（通过移动光标在形成的垂直追踪线上确定镜像线的第二点）

要删除源对象吗？［是（Y）/否（N）］〈N〉：↓

完成图形如图4-10所示。

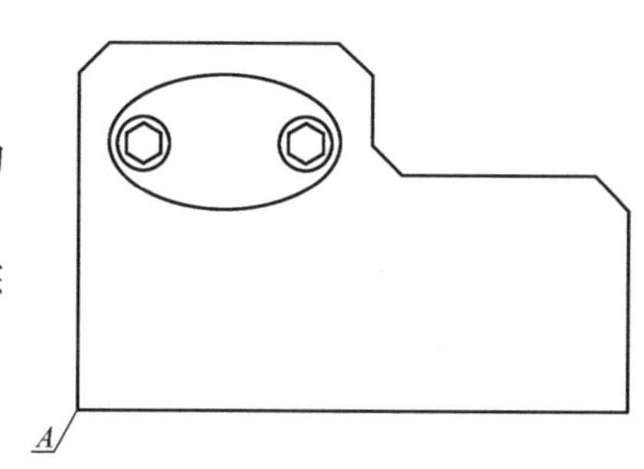

图4-10　完成的椭圆和内部图形

（3）绘制矩形及其上分布的四个圆和正六边形　调用矩形命令。提示：

指定第一个角点或［倒角（C）/标高（E）/圆角（F）/厚度（T）/宽度（W）］：_from 基点：〈偏移〉：@ -10，10↓（用“捕捉自”捕捉工具，捕捉 *B* 点为临时基点进行偏移，确定矩形右下角点）

指定另一个角点或［面积（A）/尺寸（D）/旋转（R）］：D↓（采用尺寸方法绘制矩形）

指定矩形的长度〈30.0〉：60↓（矩形长度尺寸）

指定矩形的宽度〈10.0〉：50↓（矩形宽度尺寸）

指定另一个角点或［面积（A）/尺寸（D）/旋转（R）］：(向左上方移动光标，并单击鼠标左键)

完成矩形的绘制。

调用复制命令，复制 $\phi16$ 的圆和同心正六边形。提示：

选择对象：(选择 $\phi16$ 的圆和同心正六边形)

选择对象：↓（完成对象选择）

当前设置：　复制模式 = 多个

指定基点或［位移（D）/模式（O）］〈位移〉：(用特殊点捕捉工具捕捉圆心为基点)

指定第二个点或〈使用第一个点作为位移〉：_from 基点：〈偏移〉：@ -10，10↓（用“捕捉自”捕捉工具，捕捉矩形右下角为临时基点进行偏移，确定复制位置）

完成图形复制。

调用阵列命令，完成复制的 $\phi16$ 圆和同心正六边形的阵列。

此时，在弹出“阵列”对话框中设置阵列，完成图形阵列如图4-11所示。

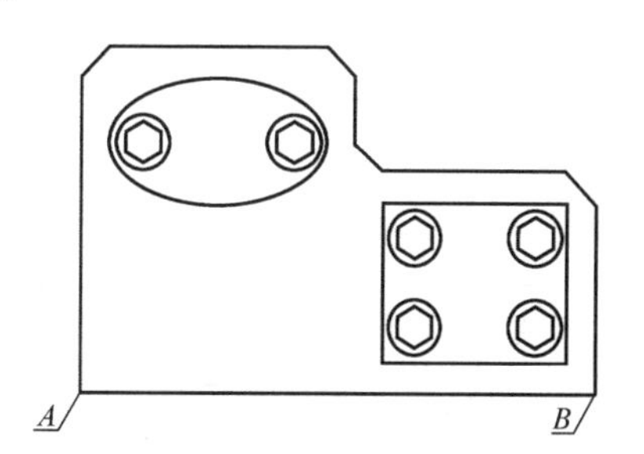

图4-11　绘制矩形及其上分布的四个圆和正六边形

（4）绘制矩形及 $\phi20$ 的圆　用同样方法绘制 70×30 的矩形，在绘制该矩形时首先设置倒圆角为 *R*10。

绘制 $\phi20$ 的圆时，可用极轴追踪、对象追踪分别捕捉矩形长、短边的中点形成的追踪线相交处，确定圆的圆心。

绘制完成后的图形如图4-7所示。

三、绘图练习

1）绘制图4-12所示的齿轮臂平面图形（不标注尺寸）。设置绘图界限 297×210。

2）绘制图 4-13 所示的圆弧连接平面图形（不标注尺寸），并求出区域 *A* 的面积（ϕ20 圆和 ϕ33 的圆围成的区域）。设置绘图界限 297 × 210。

3）绘制图 4-14 所示的平面图形 21（不标注尺寸）。设置绘图界限 297 × 210。

4）绘制图 4-15 所示的扳手平面图形（不标注尺寸）。设置绘图界限 297 × 210。

5）绘制图 4-16 所示的平面图形 22。设置绘图界限 297 × 210。

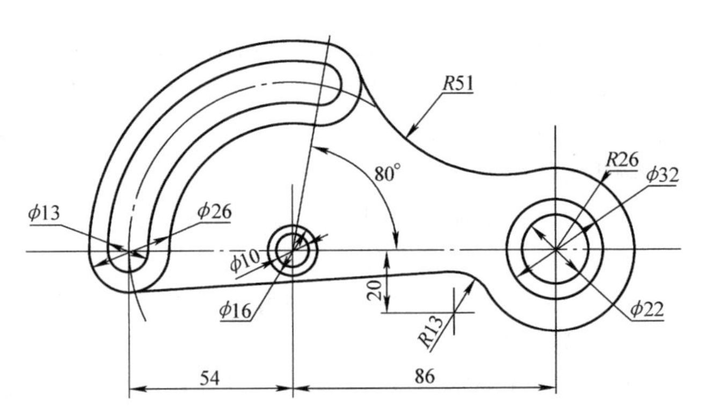

图 4-12　齿轮臂平面图形

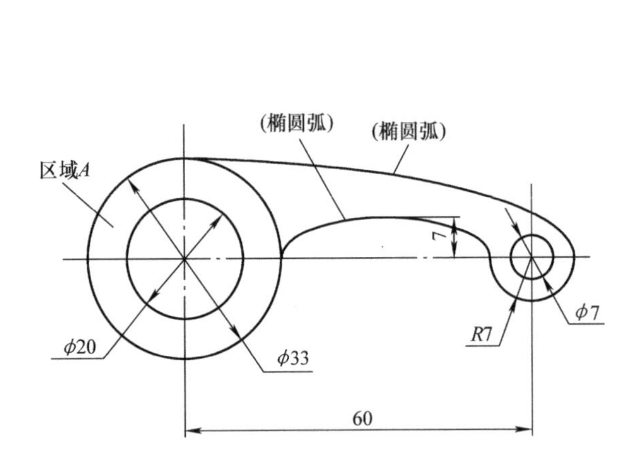

图 4-13　圆弧连接平面图形

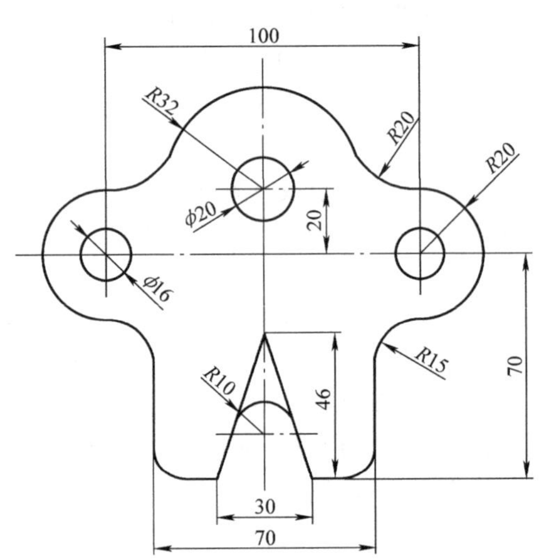

图 4-14　平面图形 21

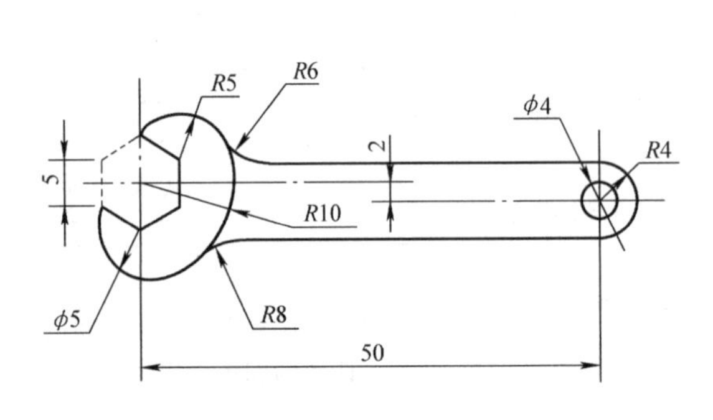

图 4-15　扳手平面图形

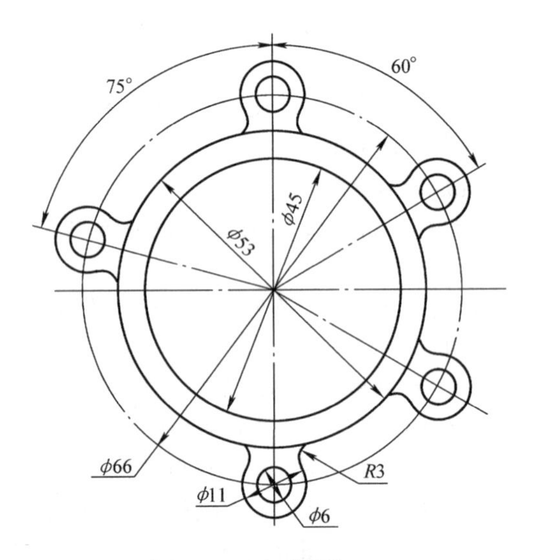

图 4-16　平面图形 22

6）绘制图 4-17 所示的平面图形 23。设置绘图界限 297 × 210。

7）绘制图 4-18 所示的铣刀平面图形（不标注尺寸）。

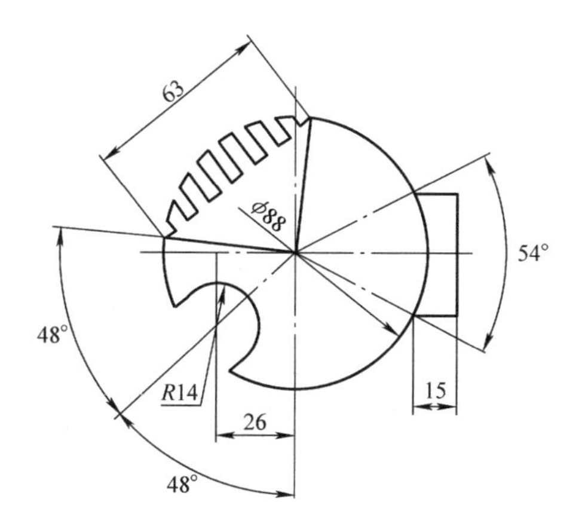

图 4-17　平面图形 23

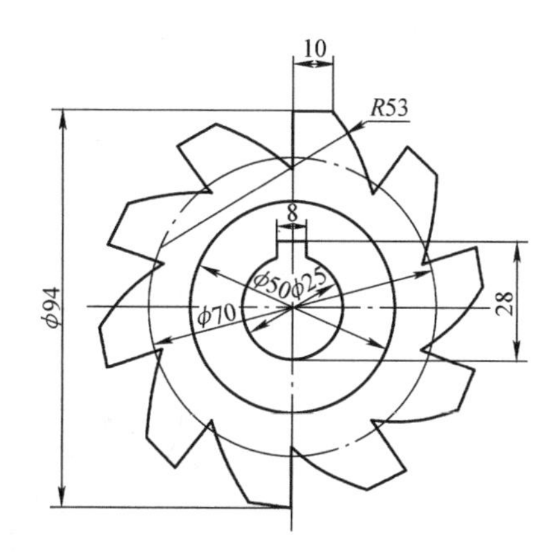

图 4-18　铣刀平面图形

8）绘制图 4-19 所示的支架平面图形（不标注尺寸）。

9）绘制图 4-20 所示的复杂平面图形 1（不标注尺寸）。

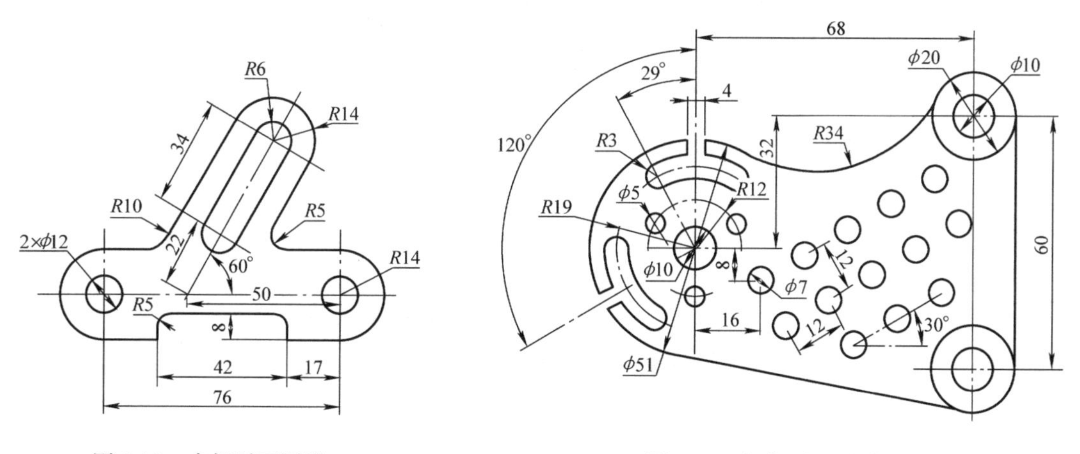

图 4-19　支架平面图形

图 4-20　复杂平面图形 1

10）绘制图 4-21 所示的复杂平面图形 2（不标注尺寸）。

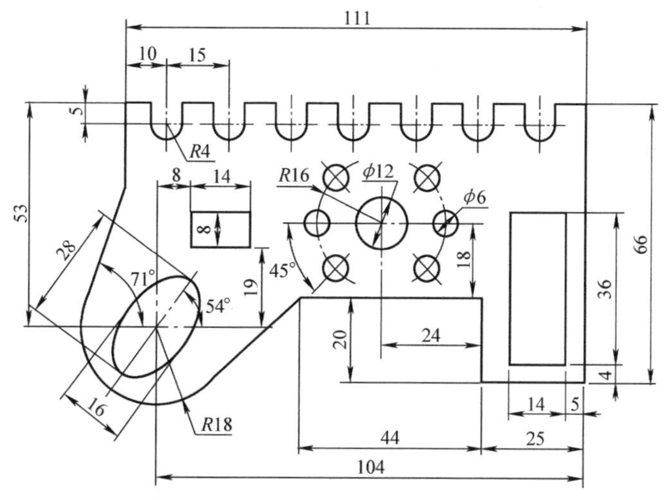

图 4-21　复杂平面图形 2

11）绘制图 4-22 所示的复杂平面图形 3（不标注尺寸）。

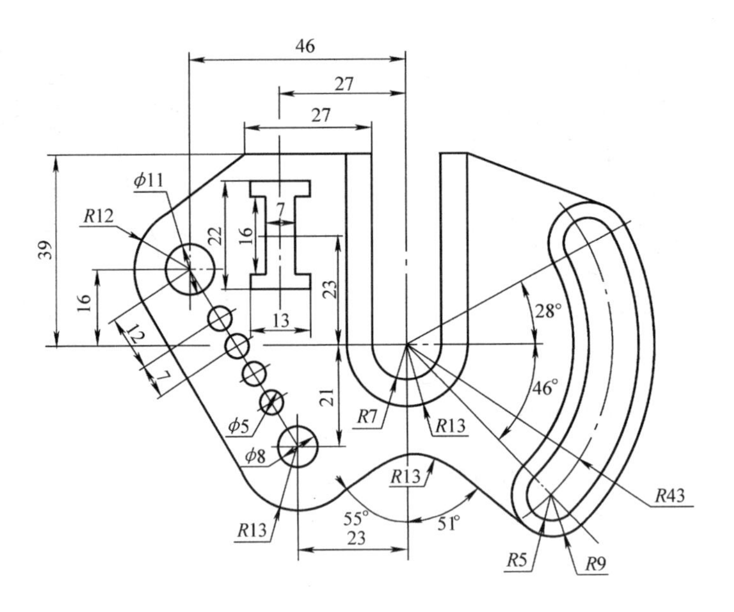

图 4-22　复杂平面图形 3

12）绘制图 4-23 所示的复杂平面图形 4（不标注尺寸）。

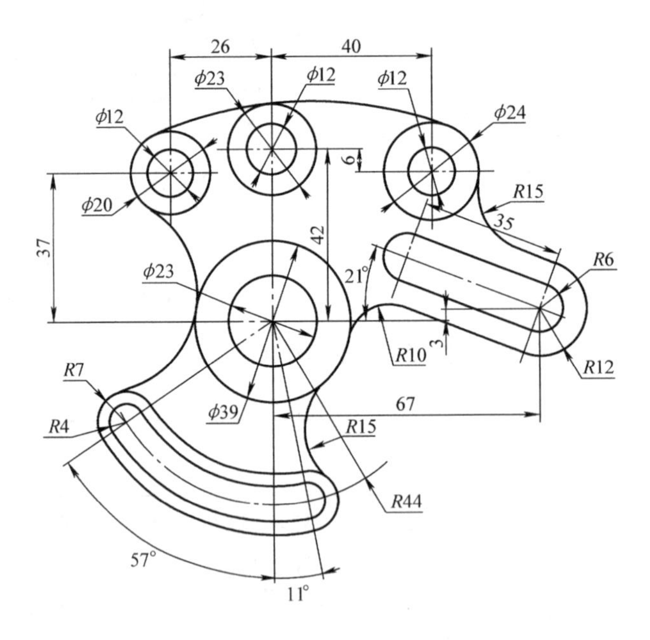

图 4-23　复杂平面图形 4

课题五　图层设置、管理、特性修改、属性匹配、图案填充操作

一、目的

1）掌握图层设置的方法。
2）掌握颜色设置的方法。
3）掌握线型设置的方法。
4）掌握特性修改的方法。
5）掌握特性匹配的方法。
6）掌握线宽及线性比例的设置方法。
7）掌握图案填充的方法及步骤。
8）掌握图层转换的方法。
9）掌握改变实体所在图层的方法。

二、内容

1. 建立自定义绘图环境

（1）建立一个新的图形文件　在“选择样板”对话框中，选择 Acadiso. dwt 并打开，默认的绘图幅面是 420×297。

（2）设置绘图幅面　根据绘制图形大小，用 Limits 命令设置幅面。

（3）使设置幅面充满屏幕　用 Zoom 命令，使设置幅面充满屏幕。

（4）设置绘图单位　根据绘图要求，用 Units 命令设置单位精度。

（5）设置图层　根据 CAD 制图国家标准，设置图层名、颜色、线型、线宽等。

按表 5-1 设置图层。

表 5-1　图层设置

图层标识号	描述	线型	颜色	线宽
01	粗实线、剖切面的粗剖切线	Continuous	绿色	0. 5
02	细实线、细波浪线、细折断线	Continuous	白色	默认
03	粗虚线	ISO02W100	黄色	0. 5
04	细虚线	ISO02W100	黄色	默认
05	细点画线、剖切面的剖切线	ISO04W100	红色	默认
06	粗点画线	ISO04W100	棕色	0. 5
07	细双点画线	ISO05W100	粉色	默认
08	尺寸线，投影连线，尺寸终端与符号细实线	Continuous	白色	默认
09	参考圆，包括引出线和终端（如箭头）	Continuous	白色	默认
10	剖面符号	Continuous	白色	默认
11	文本（细实线）	Continuous	白色	默认

（续）

图层标识号	描述	线型	颜色	线宽
12	尺寸值和公差	Continuous	白色	默认
13	文本（粗实线）	Continuous	白色	0.5
14	插入视口	Continuous	白色	默认
15	插入标题栏	Continuous	白色	默认
16		Continuous		

（6）设置线型比例

2. 将新建的图形文件保存为样板文件

将新建的图形文件按图纸幅面命名并存为样板文件，文件后缀为“. dwt”，文件名为 A3. dwt。

分别创建文件名为 A0. dwt、A1. dwt、A2. dwt、A4. dwt 的样板文件。

3. 绘制图 5-1 所示的平面图形 24（不标注尺寸和注写文字）。

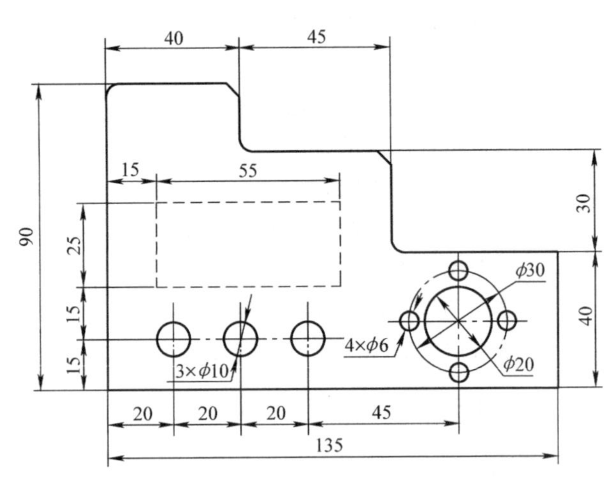

图 5-1　平面图形 24

（1）选择设置的样板图

（2）绘制外部轮廓　将当前图层设置为 01（粗实线）。调用直线命令。

提示：指定第一点：(用光标点取一点)

指定下一点或［放弃（U)］:〈正交 开〉90↓（打开正交模式，并将追踪线垂直向上）

指定下一点或［闭合（C）/放弃（U)］: 40↓（将追踪线水平向左）

指定下一点或［闭合（C）/放弃（U)］: 20↓（将追踪线垂直向下）

指定下一点或［闭合（C）/放弃（U)］: 45↓（将追踪线水平向左）

指定下一点或［闭合（C）/放弃（U)］: 30↓（将追踪线垂直向下）

指定下一点或［闭合（C）/放弃（U)］: 50↓（将追踪线水平向左）

指定下一点或［闭合（C）/放弃（U)］:　〈正交 关〉　〈极轴 开〉　〈对象捕捉追踪 开〉（打开极轴追踪和对象捕捉追踪，用光标捕捉追踪起始点，完成直线的绘制）

指定下一点或［闭合（C）/放弃（U)］: C↓（完成轮廓图形）

调用倒圆角命令。

提示：当前设置：模式 = 修剪，半径 = 0. 0000

选择第一个对象或［放弃（U）/多段线（P）/半径（R）/修剪（T）/多个（M)］: R↓（设置倒圆角半径）

指定圆角半径〈0. 0000〉: 5↓（圆角半径）

选择第一个对象或［放弃（U）/多段线（P）/半径（R）/修剪（T）/多个（M)］: M↓（倒多个圆角）

完成倒圆角。

调用倒角命令。

提示：(“修剪”模式）当前倒角距离 1 = 0. 0000，距离 2 = 0. 0000

选择第一条直线或［放弃（U）/多段线（P）/距离（D）/角度（A）/修剪（T）/方式（E）/多个（M）］：D↓（设置倒角距离）

指定第一个倒角距离〈0.0000〉：4↓（倒角距离）

指定第二个倒角距离〈4.0000〉：↓（倒角距离）

选择第一条直线或［放弃（U）/多段线（P）/距离（D）/角度（A）/修剪（T）/方式（E）/多个（M）］：M↓（倒多个直角）

完成倒直角。

（3）绘制圆实体　图层不变。调用圆命令绘制 ϕ20 的圆。

提示：_circle 指定圆的圆心或［三点（3P）/两点（2P）/相切、相切、半径（T）］：_tt 指定临时对象追踪点：_mid 于（指定临时对象追踪点，选择最右侧垂直直线的中点）

指定圆的圆心或［三点(3P)/两点(2P)/相切、相切、半径(T)］：30↓（将追踪线水平向左）

指定圆的半径或［直径（D）］〈20.0000〉：10↓

绘制 ϕ10 的圆。先绘制最左边的一个圆。

提示：指定圆的圆心或［三点（3P）/两点（2P）/相切、相切、半径（T）］：_from 基点：〈偏移〉：@20，15↓（在捕捉工具条中选择"捕捉自"按钮，捕捉轮廓左下角点）

指定圆的半径或［直径（D）］〈15.0000〉：5↓

采用阵列命令完成一行三列的圆阵列。

绘制 ϕ6 的圆。先绘制最右侧的圆。

提示：指定圆的圆心或［三点（3P）/两点（2P）/相切、相切、半径（T）］：_tt 指定临时对象追踪点：（捕捉 ϕ20 圆的圆心）

指定圆的圆心或［三点(3P)/两点(2P)/相切、相切、半径(T)］：15↓（将追踪线水平向右）

指定圆的半径或［直径（D）］〈5.0000〉：3↓

采用阵列命令完成环形四个圆的阵列。

注意在绘图时可采用 Zoom 命令变换图形显示，以方便作图。

（4）绘制点画线和点画线圆　将当前图层设置为 05（细点画线）。在绘图时，使用从特殊点形成的追踪线可完成点画线的绘制。

（5）绘制矩形　将当前图层设置为 04（细虚线）。

提示：指定第一个角点或［倒角（C）/标高（E）/圆角（F）/厚度（T）/宽度（W）］：_from 基点：〈偏移〉：@15，30↓（采用"捕捉自"工具，捕捉图形最左下角点）

指定另一个角点或［面积（A）/尺寸（D）/旋转（R）］：D↓（尺寸方式绘制矩形）

指定矩形的长度〈10.0000〉：55↓

指定矩形的宽度〈10.0000〉：25↓

指定另一个角点或［面积（A）/尺寸（D）/旋转（R）］：（用光标指定一点）

（6）设置线型比例　调用线型比例命令（Ltscale）。

提示：输入新线型比例因子〈1.0000〉：0.5↓

完成图形绘制。

三、绘图练习

1）绘制图 5-2 所示的平面图形 25（不标注尺寸）。

2）绘制图 5-3 所示的平面图形 26（不标注尺寸）。

3）绘制图 5-4 所示的平面图形 27（不标注尺寸）。

4）绘制图 5-5 所示的零件视图，并补画出左视图（不标注尺寸）。

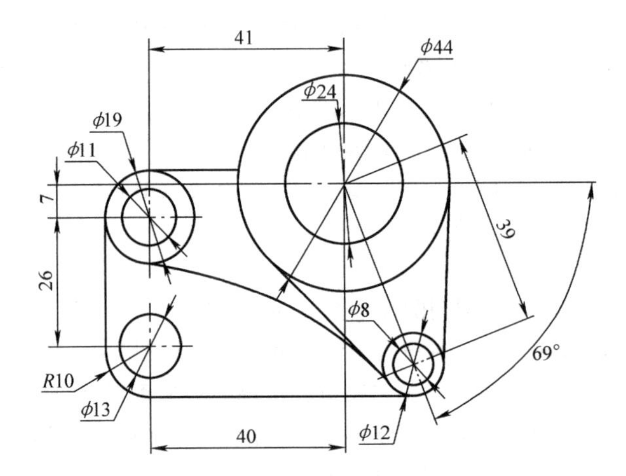

图 5-2　平面图形 25

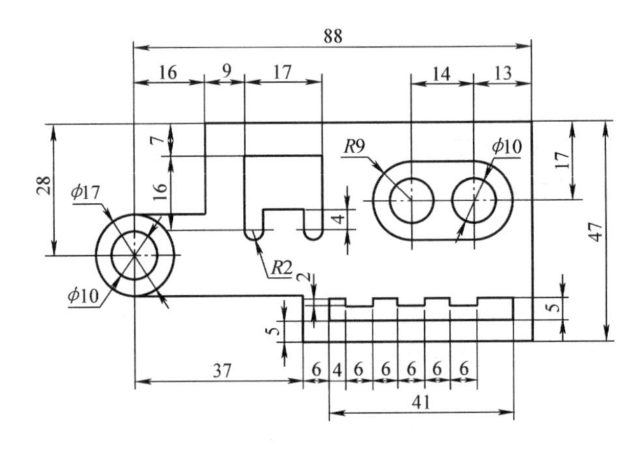

图 5-3　平面图形 26

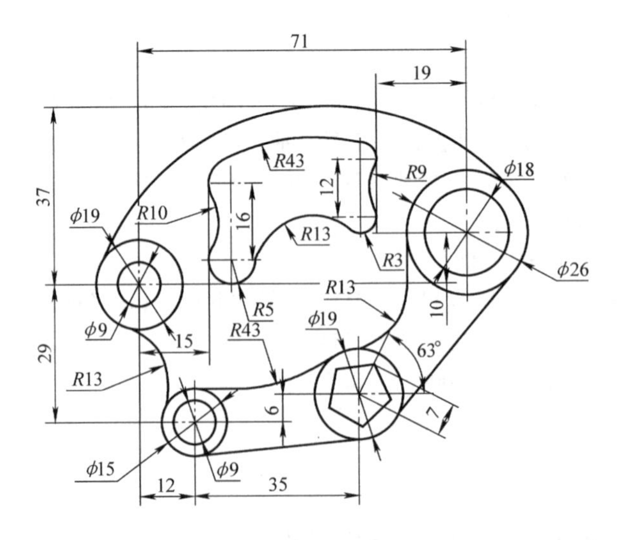

图 5-4　平面图形 27

5）绘制图 5-6 所示的护口板图形，按要求设置图层（不标注尺寸、文字及技术要求）。

6）绘制图 5-7 所示的圆环图形，按要求设置图层（不标注尺寸、文字及技术要求）。

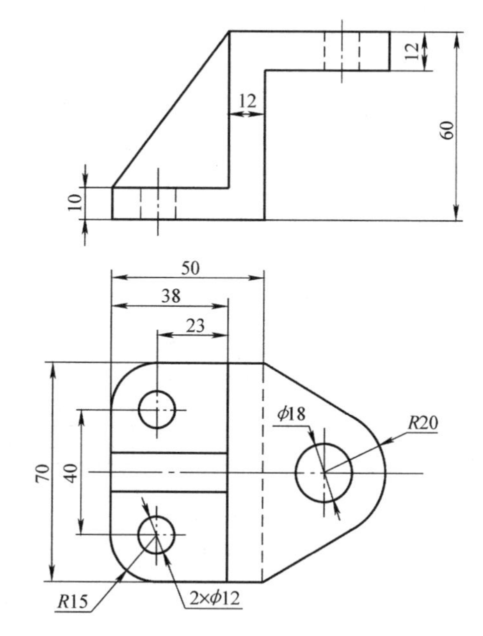

图 5-5　零件视图

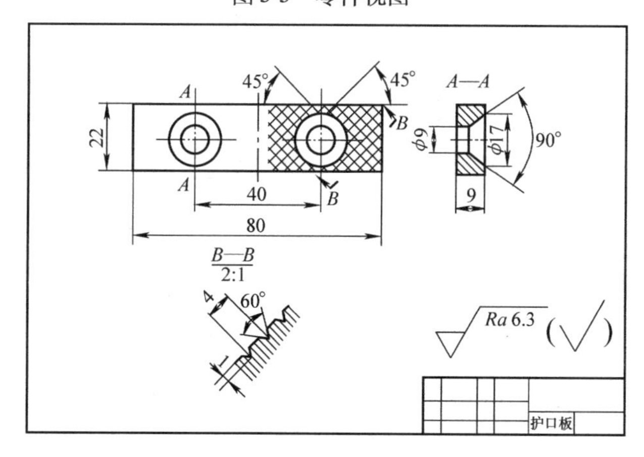

图 5-6　护口板图形

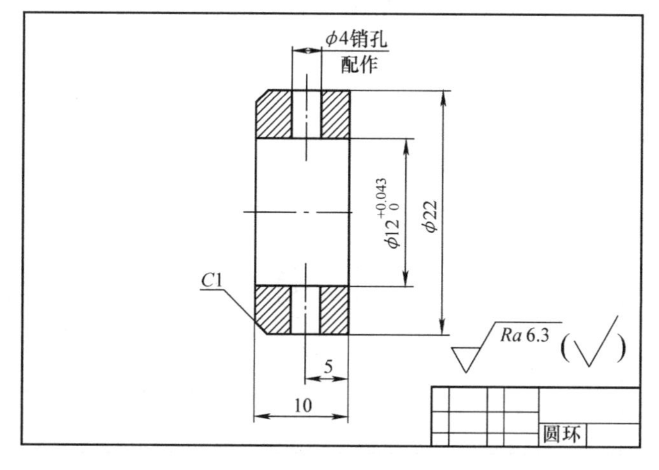

图 5-7　圆环图形

7）绘制图 5-8 所示的螺钉图形，按要求设置图层（不标注尺寸、文字及技术要求）。

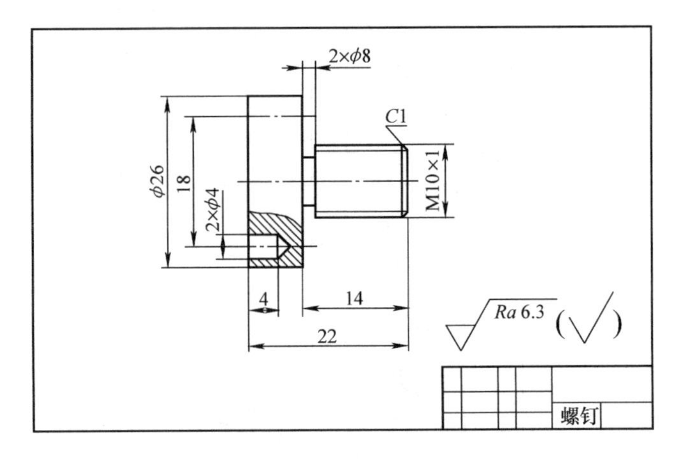

图 5-8　螺钉图形

8）绘制图 5-9 所示的螺母图形，按要求设置图层（不标注尺寸、文字及技术要求）。

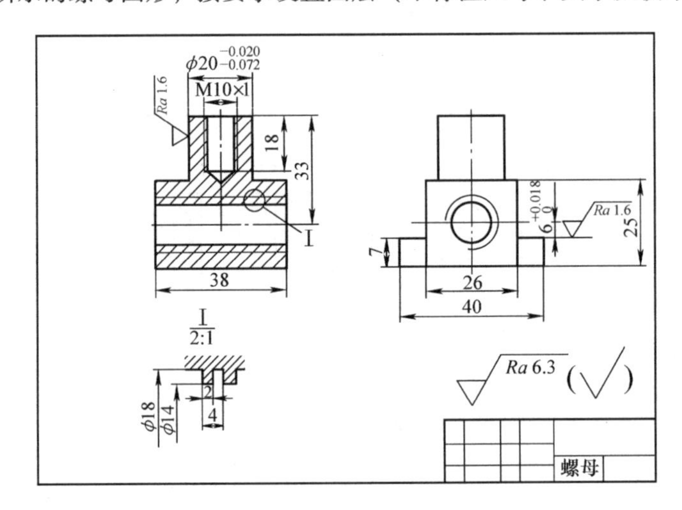

图 5-9　螺母图形

9）绘制图 5-10 所示的垫圈图形，按要求设置图层（不标注尺寸、文字及技术要求）。

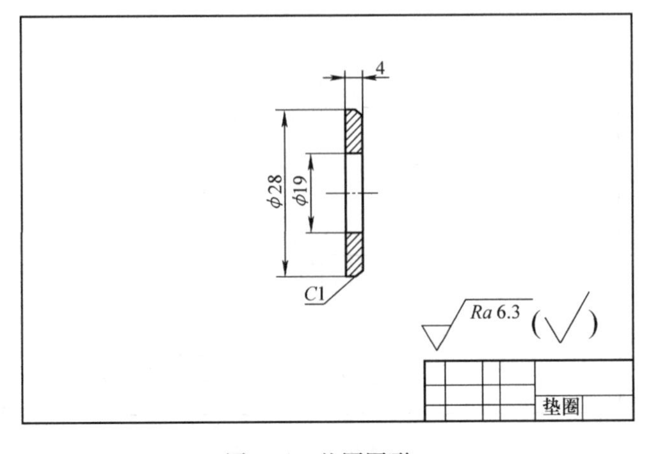

图 5-10　垫圈图形

10）绘制图 5-11 所示的轴的零件图，按要求设置图层（不标注尺寸及技术要求）。

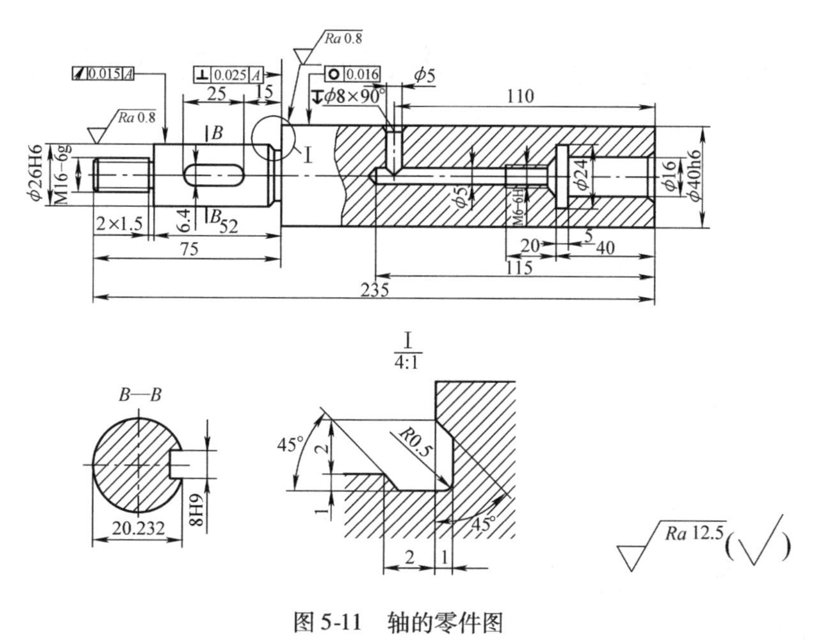

图 5-11　轴的零件图

四、将课题一至课题四绘制的图形按图层放置

按要求设置图层，选择同一图层的实体，在图层工具条的显示窗口中，单击所在图层，即可将选择的实体放置到该图层。另外，也可使用特性修改和特性匹配来完成图形图层的转换。

课题六　文字、表格及尺寸标注操作

一、目的

1）掌握文字样式的创建方法。
2）掌握文字的注写方法。
3）掌握字段的使用方法。
4）掌握特殊字符的输入方法。
5）掌握表格样式的创建方法。
6）掌握表格插入的方法。
7）掌握尺寸样式的创建方法。
8）掌握各种类型的尺寸标注方法。
9）掌握尺寸公差的标注方法。
10）掌握形位公差[⊖]的标注方法。
11）掌握尺寸编辑修改的方法。

二、内容

1. 以课题五建立的样板图，打开图形，重新命名存盘。

（1）设置文字字体样式　根据需要设置字体样式，图纸幅面为A0、A1时，字高为5；图纸幅面为A2、A3、A4时，字高为3.5。数字字体为gbeitc.shx或gbenor.shx；中文字体为gbcbig.shx，即选择大字体复选按钮。

（2）完成图6-1所示的技术要求注写

1）设置文字样式。调出“文字样式”对话框；单击“新建（N）”按钮，打开“新建文字样式”对话框，在“样式名”文本框中输入A1，然后单击“确定”按钮，返回“文字样式”对话框；在“文字样式”对话框“SHX字体”显示列表框中选择gbenor.shx，在“大字体”显示列表框中选择gbcbig.shx字体；在高度文本框中设置为3.5；在倾斜角度文本框中设置为15，单击“应用”和“关闭”按钮。

技术要求

1. 本齿轮泵的输油量的计算:

Q_V=0.007n　　Q_V—体积流量，单位为L/min;

式中　　n—转速，单位为r/min

2. 吸入高度不得大于50mm。

3. ϕ5H7的两圆柱销孔装配时钻。

4. 件4从动齿轮，件6主动齿轮轴的轴间隙，用改变件7垫片厚度来调整。装配完毕后，用手转动主动齿轮轴，应能灵活旋转。

图6-1　创建的技术要求

2）文本注写。调用“多行文字”命令，弹出“文字格式”窗口或“文字编辑器”面板，此时进行文字的输入。当完成输入后，单击“确定”按钮完成文字注写，如图6-1所示。

3）文字编辑修改。当完成文字注写后，若发现有文字错误或格式不合适，可以对注写的文字进行编辑修改。可调用文字编辑命令或双击注写的文字，在弹出的“文字格式”和“文字输入”窗口中进行修改，也可以通过功能区的“文字编辑器”面板完成文字的编辑。

⊖　按照国家标准，应用几何公差，但为了与软件保持一致，本书仍用形位公差。

（3）创建图 6-2 所示的标题栏，并完成文字注写

1）打开“表格样式”对话框，选择“新建”按钮，在弹出的“创建新的表格样式”对话框的“新样式名”文本框中输入 B1，并单击“继续”按钮，弹出“新建表格样式”对话框。在该对话框中设置文字高度为 3.5，并根据需要完成对话框设置。其中不选择“包含页眉行”和“包含标题行”复选按钮，并将 B1 置为当前。

2）打开“插入表格”对话框，设置列为 7，数据行为 4，并单击“确定”按钮，完成表格插入，如图 6-3 所示。

<table>
<tr><td colspan="3" rowspan="2">机用虎钳装配图</td><td>比例</td><td>数量</td><td>材 料</td><td>图号</td></tr>
<tr><td>1:1</td><td>20</td><td>45</td><td>2</td></tr>
<tr><td>制图</td><td>王华</td><td>2005.12.6</td><td colspan="4" rowspan="2">XX机电职业技术学院机制03班</td></tr>
<tr><td>审核</td><td></td><td></td></tr>
</table>

图 6-2　标题栏

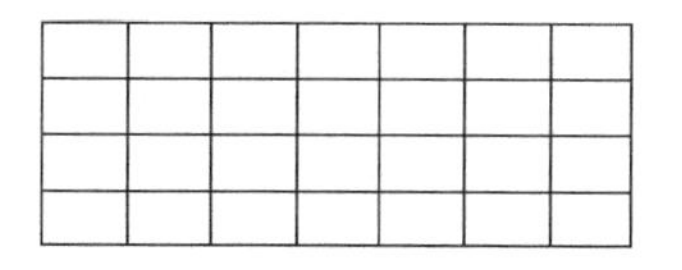

图 6-3　完成表格插入

3）编辑表格。对图 6-3 所示的插入表格进行编辑，过程：按下鼠标左键拖动选择 1、2 行前 3 个表格单元，然后单击鼠标右键，在弹出的快捷菜单中选择“合并单元”的“全部”选项，完成表格单元的合并，如图 6-4 所示。用同样方法，按表格格式完成表格编辑。

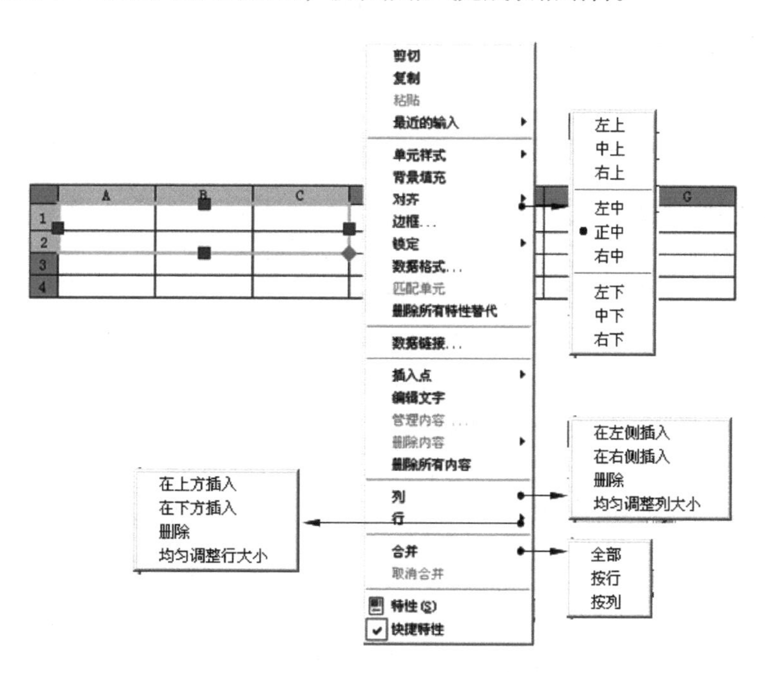

图 6-4　表格格式编辑快捷菜单及其说明

另外在“AutoCAD 经典”工作空间中，当选择编辑的单元格后，会自动弹出“表格”工具条，如图 6-5 所示。通过该工具条也可以对表格进行各种编辑操作。在其他工作空间中，可以通过“表格单元”功能区面板完成表格的编辑操作。

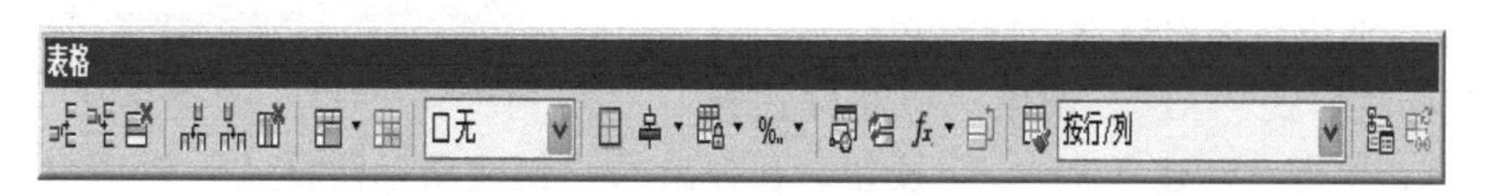

图 6-5　“表格”工具条

4）设置表格大小。选择表格单元，在鼠标右键快捷菜单中选择“特性”选项，在弹出的“特性”选项板的“单元”选项组的“单元宽度”文本框中设置宽度为30，在“单元高度”文本框中设置高度为7，完成选择单元格宽度和高度的设置，如图6-6所示。用同样方法，按表格大小要求完成各单元格的设置。

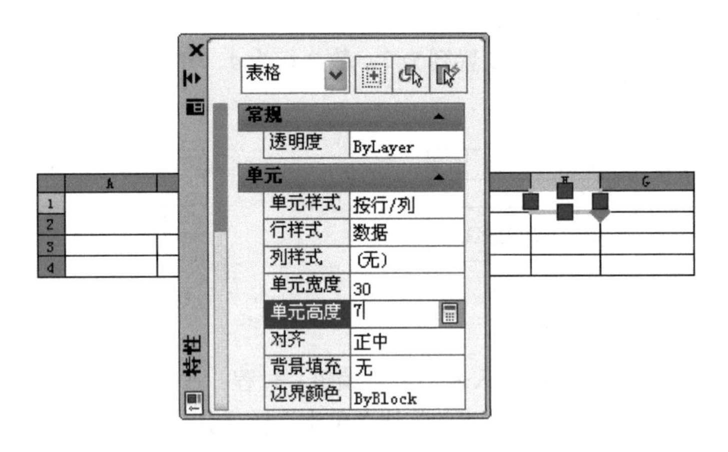

图6-6　单元格大小的编辑

5）输入文字。双击某一单元格，弹出“文字格式”输入编辑模式，进行文字的输入，如图6-7所示。

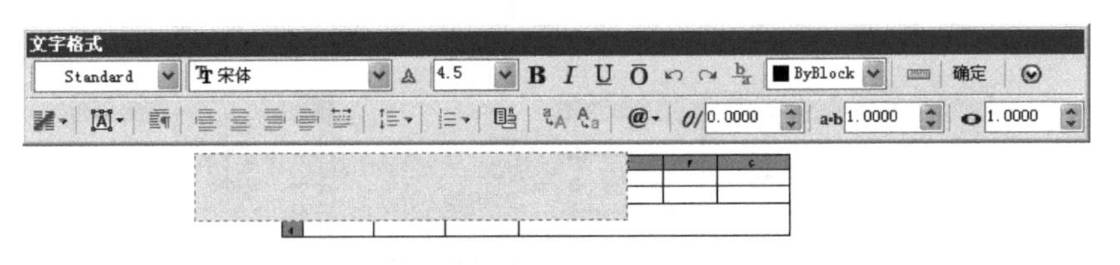

图6-7　文字的输入

另外，单击某一单元格并在右键快捷菜单中选择“编辑文字”选项，此时，在提示行中出现提示：“输入文字:”，在该提示下输入文字即可。也可以在右键快捷菜单中选择“特性”选项，在弹出的“特性”选项板的“内容”选项组中完成文字的注写，如图6-8所示。

在文字输入编辑时，也可以通过功能区的“文字编辑器”面板完成输入。

（4）完成图6-9所示的平面图形及标注

1）绘制图形，用各种绘图及编辑命令绘制图形，并注意使用图层、作图工具及追踪功能，过程略。

2）图案填充，调用“边界图案填充”对话框，设置图案，并完成图案填充，过程略。

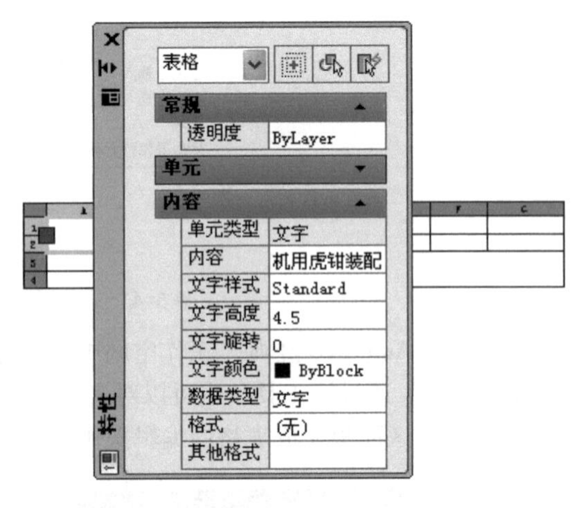

图6-8　“特性”选项板的文字输入

3）创建标注样式“A1”。调用“标注样式管理器”对话框，单击“新建（N）...”按钮，在弹出的“创建新标注样式”对话框中的“新样式名”文本框中，输入标注样式“A1”，单击“继续”按钮，弹出“新建标注样式”对话框。

“直线和箭头”选项卡对话框形式中的设置，尺寸线和尺寸界线的“颜色”和“线宽”：By-

Block；“基线间距”：8；尺寸界线“起出尺寸线”：3；尺寸界线“起点偏移量”：0；“箭头大小”：6；“圆心标记”大小：5。

“文字”选项卡对话框形式中的设置，“文字样式”：Standard；“文字颜色”：ByBlock；“文字高度”：6；文字位置，“垂直”：上方、“水平”：置中、“尺寸线偏移”：2；“文字对齐”：与尺寸线对齐。

“调整”选项卡对话框形式中的设置，选中“文字或箭头取最佳效果”“尺寸线旁边”单选按钮；选中“始终在尺寸界线之间绘制尺寸线”复选按钮；选中“使用全局比例”单选按钮，并在文本框中设置为1。

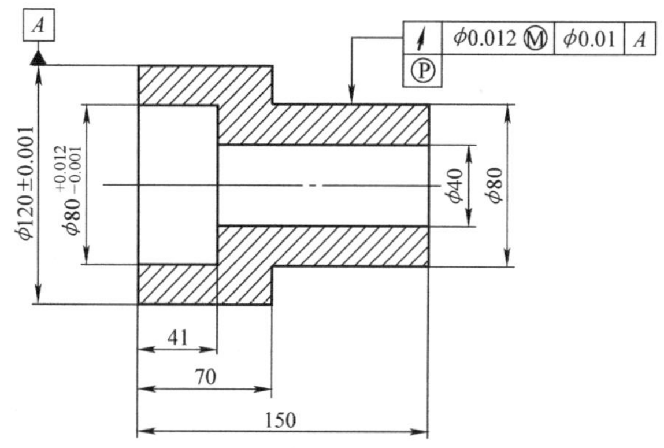

图6-9 平面图形及标注

“主单位”选项卡对话框形式中的设置，线性标注的“单位格式”：小数、“精度”：0、“小数分隔符”：．（句点）；“比例因子”：1；选中消零中的“后续”复选按钮；角度标注的“单位格式”：十进制度数；“精度”：0。

4）创建标注样式“A2”。过程基本与“A1”相同。在“创建新标注样式”对话框的“基础样式”中选择“A1”，调出“新建标注样式”对话框。在“主单位”选项卡对话框形式中的设置，只在“前缀”文本框中输入%%C，其他设置不变。

5）创建标注样式“A3”。在“创建新标注样式”对话框的“基础样式”中选择“A2”，调出“新建标注样式”对话框。在“公差”选项卡对话框形式中的设置，公差格式中的“方式”：对称、“精度”：0.000、“上偏差”㊀：0.001、“高度比例”1、“垂直位置”：中；选中消零中的“后续”复选按钮。

6）创建标注样式“A4”。在“创建新标注样式”对话框的“基础样式”中选择“A3”，调出“新建标注样式”对话框。在“公差”选项卡对话框形式中的设置，公差格式中的“方式”：极限偏差、“精度”：0.000、“上偏差”：0.012、“下偏差”㊁：0.001。

7）标注尺寸。

标注水平方向尺寸　调出标注样式“A1”，选择“快速标注”命令，完成相关尺寸标注。

标注右侧直径尺寸　调出标注样式“A2”，选择“线性标注”命令，完成相关尺寸标注。

标注左侧直径尺寸　分别调用标注样式“A3”“A4”，完成相关尺寸标注。

8）形位公差标注：调用“快速引线”标注。

提示：指定第一个引线点或［设置（S）］〈设置〉：↓

弹出“引线设置”对话框。在该对话框中的“注释”选项卡形式中，选中“公差”单选按钮，单击“确定”按钮，进行公差标注。后续提示：

指定第一个引线点或［设置（S）］〈设置〉：(指定一点)

指定下一点：(指定另一点)

指定下一点：(指定另一点)

由于设置的引线点数为3，所以直接弹出“形位公差”对话框，如果需要可以再多设置几个引线点数，当不需要指定下一点时，可以在提示“指定下一点：”下直接回车，也可弹出该对话框。在该对话框中按标注要求完成设置，单击“确定”按钮，完成形位公差标注。

㊀ 按照国家标准，应用上极限偏差，但为了与软件保持一致，本书仍用上偏差。

㊁ 按照国家标准，应用下极限偏差，但为了与软件保持一致，本书仍用下偏差。

（5）尺寸标注编辑修改　当完成尺寸标注后，对不太合适的标注可以使用标注修改命令进行修改，以使标注正确、合理。

完成的图形标注如图 6-9 所示。

2. 绘制图 6-10 所示的机件三视图

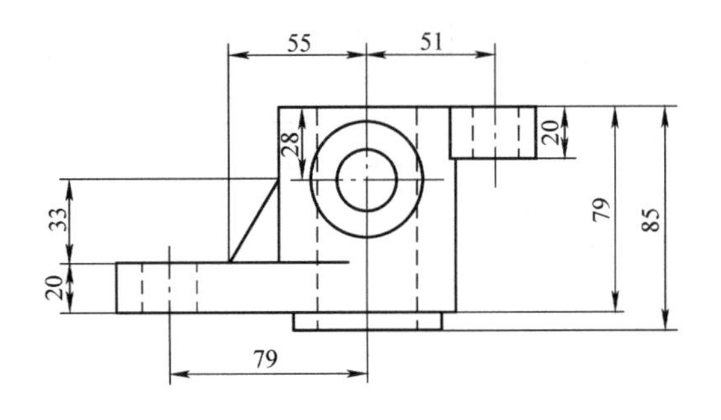

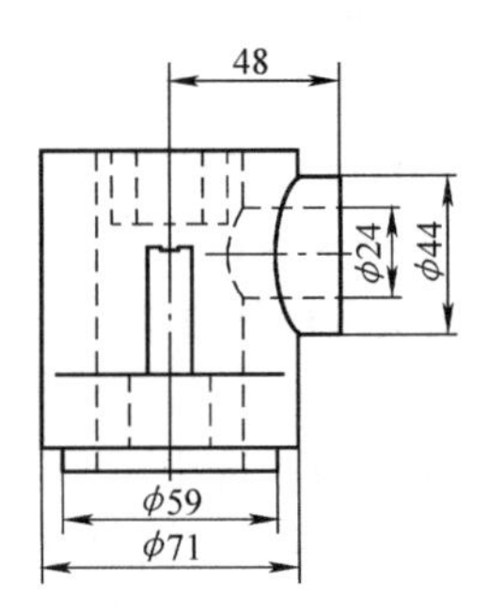

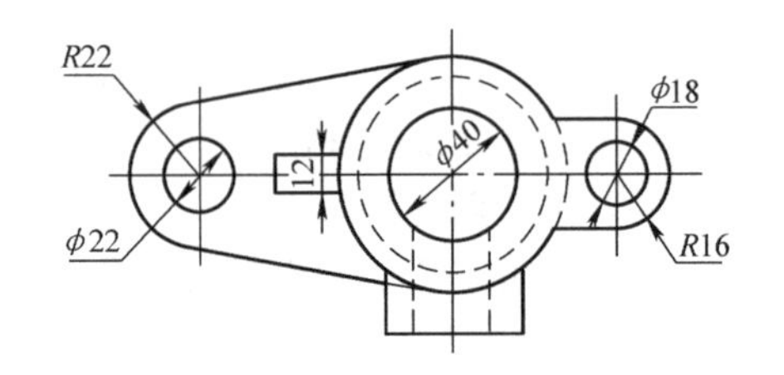

图 6-10　机件三视图

作图过程：

1）启动系统并选择样板文件。启动 AutoCAD 2012 系统，进入默认绘图状态，设置绘图范围为“420×297”，并缩放窗口使设置的绘图范围充满屏幕（Zoom）。

2）设置图层。通过“图层特性管理器”新建图层，并设置默认线型宽度为 0.35，粗实线宽度为 0.7，按表 6-1 设置新图层。

表 6-1　新图层设置

图层	描述	线型	颜色	线宽
01	粗实线、剖切面的粗剖切线	Continuous	绿色	0.7
02	细实线、细波浪线、细折断线	Continuous	白色	默认
04	细虚线	ISO02W100	黄色	默认
05	细点画线、剖切面的剖切线	ISO04W100	红色	默认

在“图层特性管理器”中，单击“新建特性过滤器…”选项，弹出“图层过滤器特性”选项卡，设置过滤器为解冻状态，将不用的图层冻结，此时显示的图层为解冻的图层。

3）绘制图形中心线。调用 05 号图层，调用直线命令，绘制中心线，并绘制 45°作图辅助线，如图 6-11 所示。

4）绘制俯视图。将 01 图层设置为当前图层。

绘制 ϕ40 圆和 ϕ71 圆。

确定 R22 和 ϕ22 圆的圆心位置，确定 R16 和 ϕ18 圆的圆心位置。

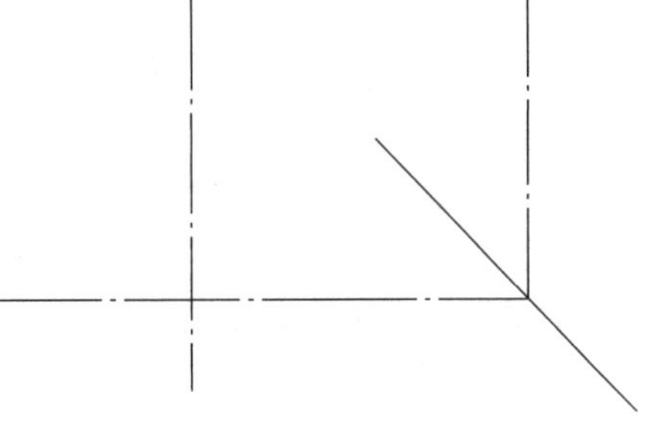

图 6-11　绘制中心线和 45°作图辅助线

绘制两条垂直中心线的方法：

将图层设置为05层。

调用直线命令。

提示：

指定第一点：_tt 指定临时对象追踪点：79↓（用光标捕捉ϕ40和ϕ71圆的圆心，并向左移动光标形成一橡皮筋，用光标在“对象捕捉”工具条上选择“临时追踪点”选项，输入79）

在形成的临时追踪点上绘制出垂直中心线，如图6-12所示。同理完成R16和ϕ18圆的垂直中心线的绘制。

绘制R22和ϕ22圆、R16和ϕ18圆。通过特殊点捕捉完成切线和直线的绘制。利用修剪命令对图形进行编辑，完成图形。在绘图时，为了保证图形完成，应经常进行重生成操作。

将图层设置为04层，绘制ϕ59的虚线圆。

完成的部分图形如图6-13所示。

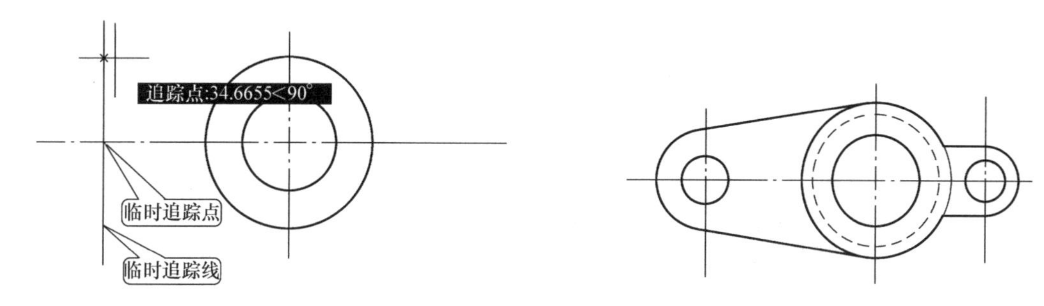

图6-12　形成的临时追踪点和临时追踪线

图6-13　完成的部分图形

5）绘制主视图。绘制ϕ22和ϕ44的圆。调用直线命令，绘制顶面（水平）直线。

指定第一点：_tt 指定临时对象追踪点：28↓（采用临时追踪点的方法确定直线的位置）

在形成的水平追踪线上用光标确定直线的两个端点。

用等矩线命令分别绘制水平直线，在绘图时可使用夹点编辑改变直线长度。

绘制大圆柱（ϕ71）主视图的右侧轮廓线，即右侧直线。采用对象追踪线绘制，如图6-14所示。用光标确定直线的两个端点。

采用对象追踪完成俯视图和主视图对应线段的绘制。经过编辑完成主视图，如图6-15所示。

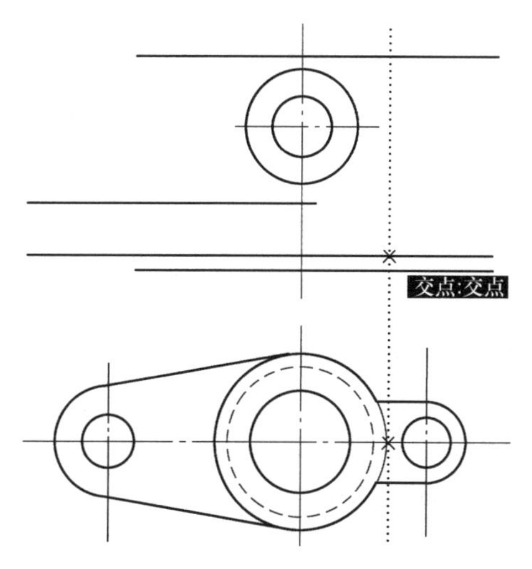

图6-14　对象追踪线绘制视图

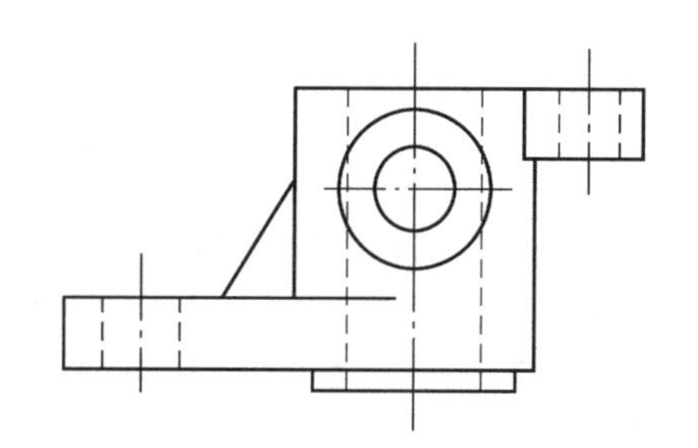

图6-15　完成的主视图

6）绘制左视图。根据“长对正、高平齐、宽相等”的原则，采用45°斜线和对象追踪，完成左视图的绘制。

绘制左视图中的顶面直线。

调用直线命令。

指定第一点：_tt 指定临时对象追踪点：(用光标在“对象捕捉”工具条上选择临时追踪点。用光标捕捉点 A，形成的水平追踪线与45°斜线的交点为临时追踪点。移动光标再捕捉点 B，形成的水平和垂直两条追踪线的相交点即为线段的起点，如图6-16所示。同理可完成直线另一端点的绘制)

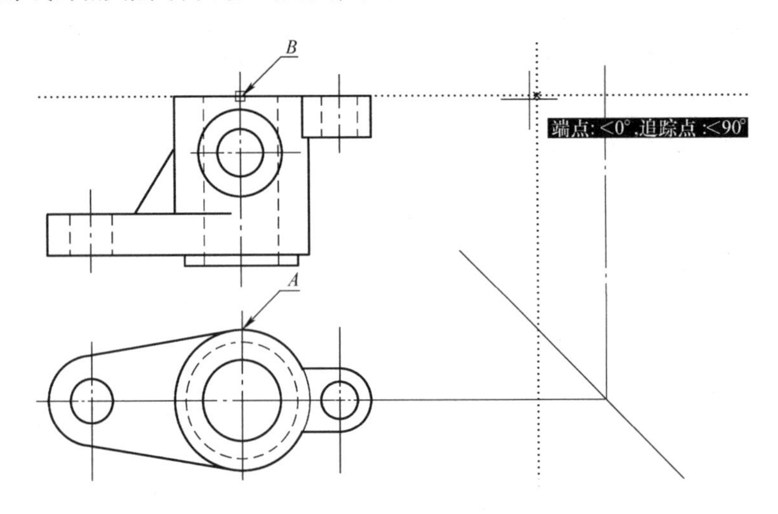

图6-16　用临时追踪点和对象追踪确定线段的端点1

采用临时追踪点和对象追踪的方法绘制左视图。

其中，虚线端点的确定方法如图6-17所示。

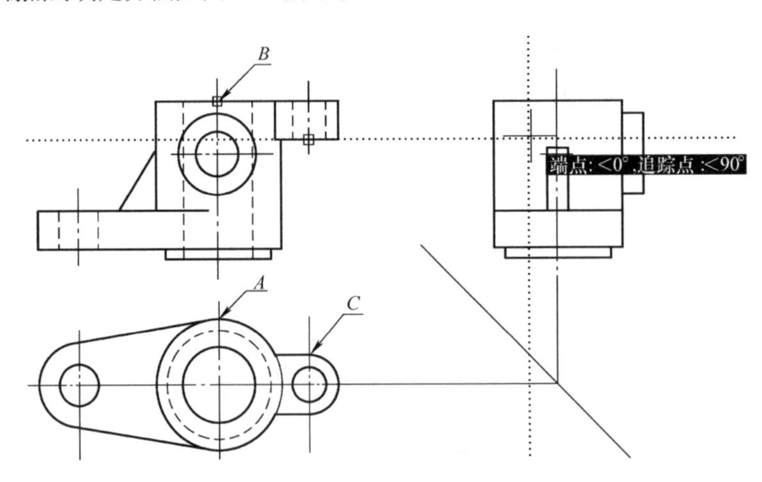

图6-17　用临时追踪点和对象追踪确定线段的端点2

采用“镜像”方法完成虚线的绘制，如图6-18所示。

用圆弧代替相贯线，采用三点绘制圆弧，并进行编辑修改，完成左视图，如图6-19所示。

7）补画俯视图。肋板的绘制，如图6-20所示。凸出圆柱的绘制，如图6-21所示。采用镜像命令完成图形。

经过对整个图形进行修改，布图调整，尺寸标注，完成图形，如图6-10所示。

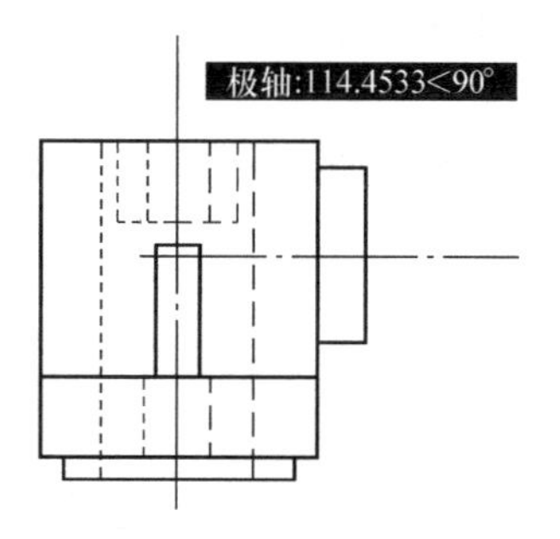

图 6-18 图形镜像操作

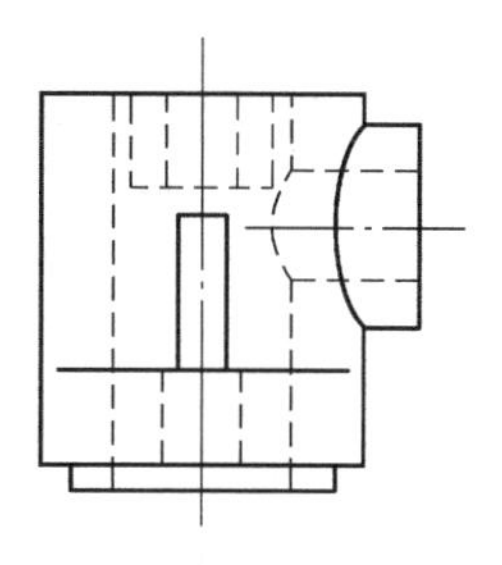

图 6-19 完成的左视图

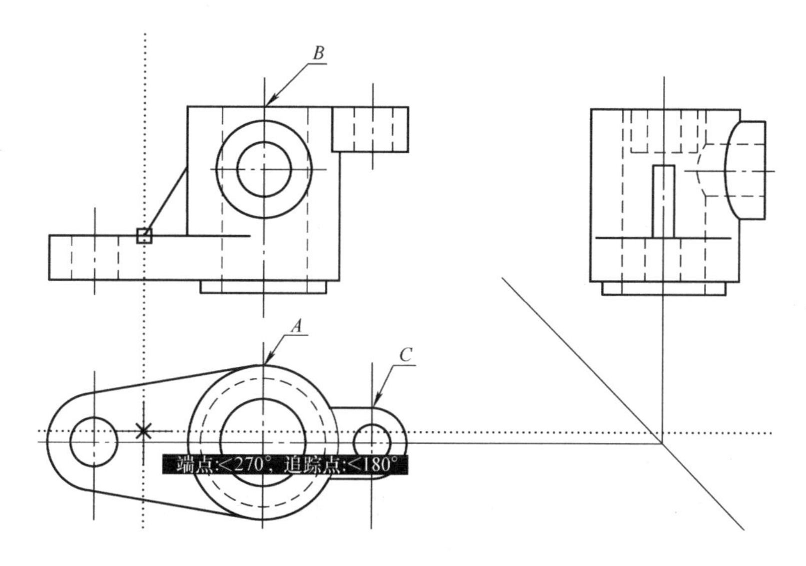

图 6-20 肋板的绘制

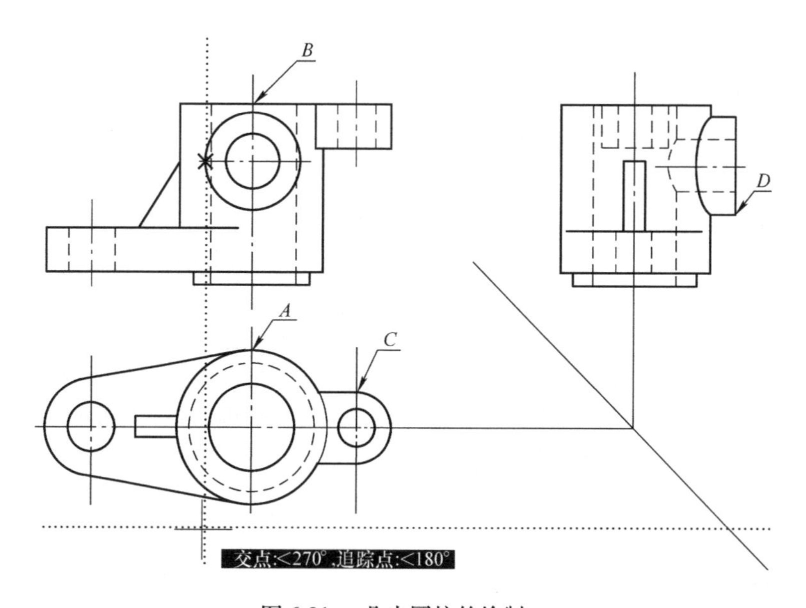

图 6-21 凸出圆柱的绘制

3. 绘制图 6-22 所示的机件三视图，并计算各视图中剖面区域的面积

作图过程：

1）绘制图形。按要求选择样板图，设置绘图环境，采用各种绘图工具、绘图命令及编辑方法，完成图形绘制，如图 6-23 所示。

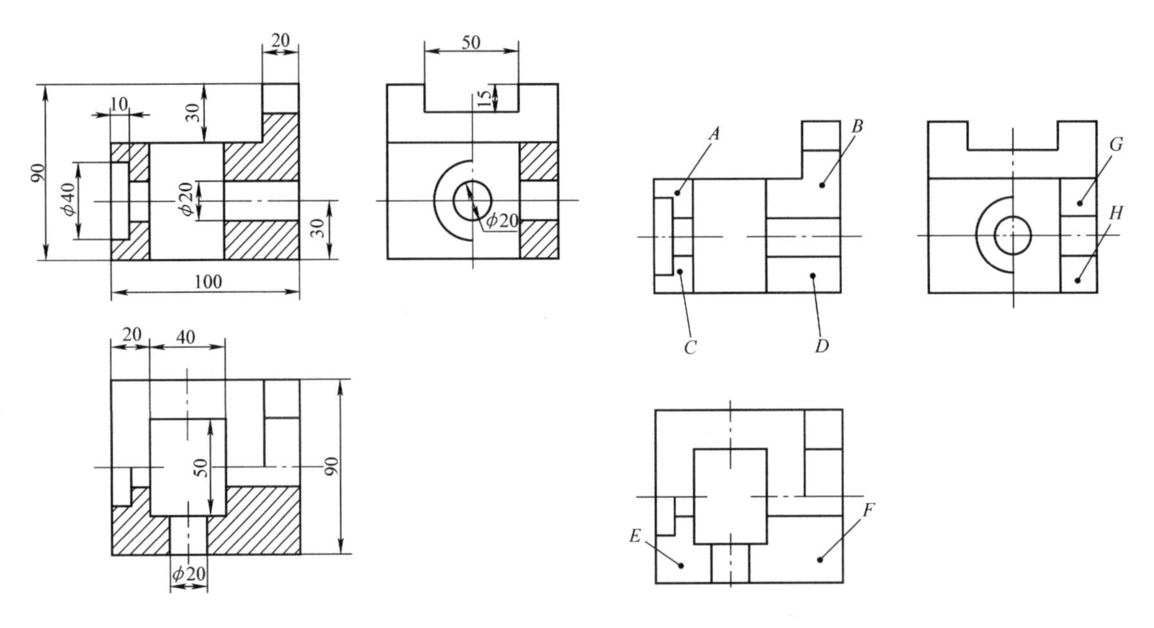

图 6-22　机件三视图　　　　图 6-23　完成的图形

2）图案填充。调用“图案填充和渐变色”对话框，设置图案类型：“预定义”。通过下拉列表框选择图案：ANSI31；角度设置：0，间距：1。用拾取内部一个点的方法填充 *A*，*B*，*C*，*D*，*E*，*F*，*G*，*H* 封闭框。单击“预览”按钮进行图形预览，如果合适，单击鼠标右键，完成图案填充；如果不合适，单击鼠标左键或 Esc 键，返回到对话框形式，设置角度：0，间距：1.5，再进行图形预览，直到填充图案合适为止。

3）计算面积。计算主视图图案填充的总面积。调用计算面积命令。

提示：

指定第一个角点或［对象（O）/加（A）/减（S）]：A↓（采用加模式）

封闭图形 *A* 的面积。

指定第一个角点或［对象（O）/减（S）]：〈对象捕捉 开〉（打开对象捕捉功能，捕捉第一点）

指定下一个角点或按 ENTER 键全选（“加”模式）：（捕捉围成封闭图形的一个角点）

指定下一个角点或按 ENTER 键全选（“加”模式）：（捕捉围成封闭图形的一个角点）

指定下一个角点或按 ENTER 键全选（“加”模式）：（捕捉围成封闭图形的一个角点）

指定下一个角点或按 ENTER 键全选（“加”模式）：（捕捉围成封闭图形的一个角点）

指定下一个角点或按 ENTER 键全选（“加”模式）：（捕捉围成封闭图形的一个角点）

面积 = 300.0000，周长 = 80.0000

总面积 = 300.0000

同理求出封闭图形 *C* 的面积：

面积 = 300.0000，周长 = 80.0000

总面积 = 600.0000

求出封闭图形 *D* 的面积：

面积 = 800. 0000，周长 = 120. 0000

总面积 = 1400. 0000

求出封闭图形 B 的面积：

面积 = 1100. 0000，周长 = 150. 0000

总面积 = 2500. 0000

同理可求出俯视图中 E、F 的面积和总面积以及左视图中 G、H 的面积和总面积。

4）完成尺寸标注。完成的图形如图 6-22 所示。

三、绘图练习

1）绘制图 6-24 所示的泵体零件图，按要求设置图层，并完成尺寸标注、技术要求（不标注粗糙度）及文字注写。

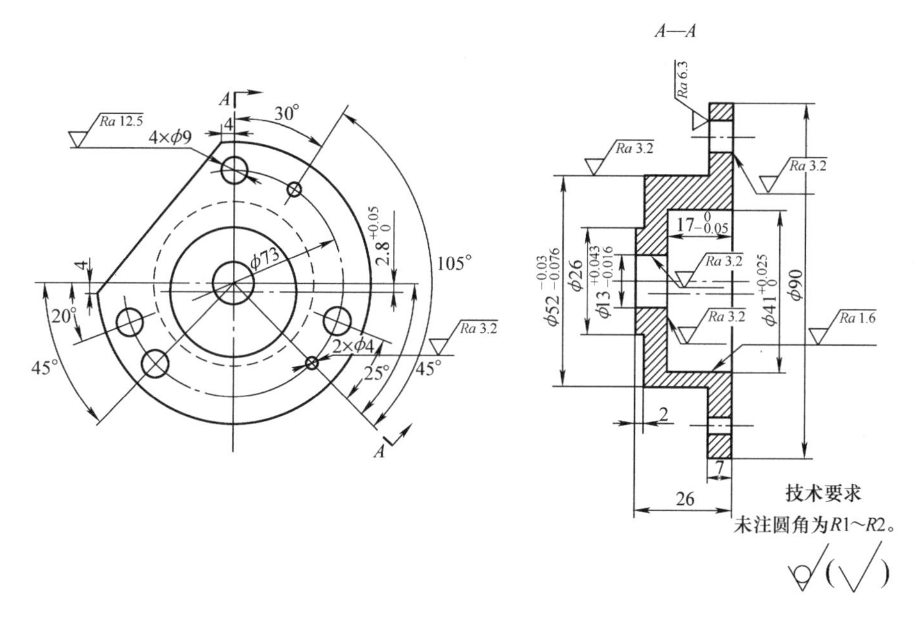

图 6-24　泵体零件图

2）完成图 6-25 所示的支座零件图，并标注尺寸。

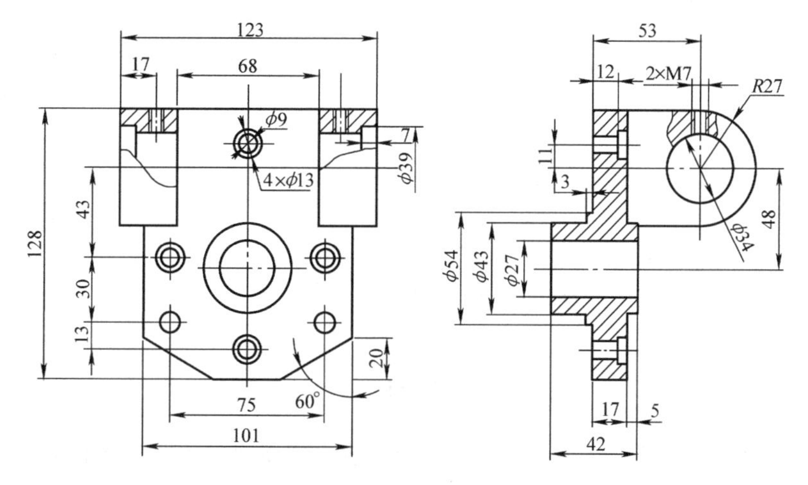

图 6-25　支座零件图

3）绘制图 6-26 所示的轴承座三视图。

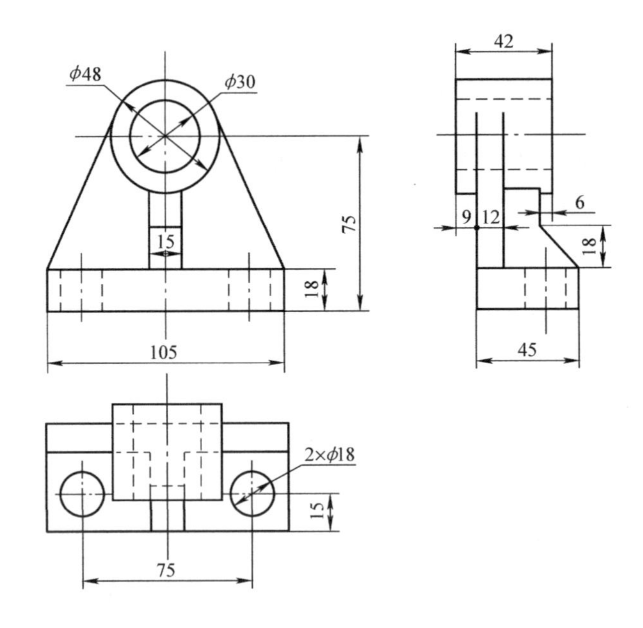

图 6-26　轴承座三视图

4）绘制图 6-27 所示的机件三视图。

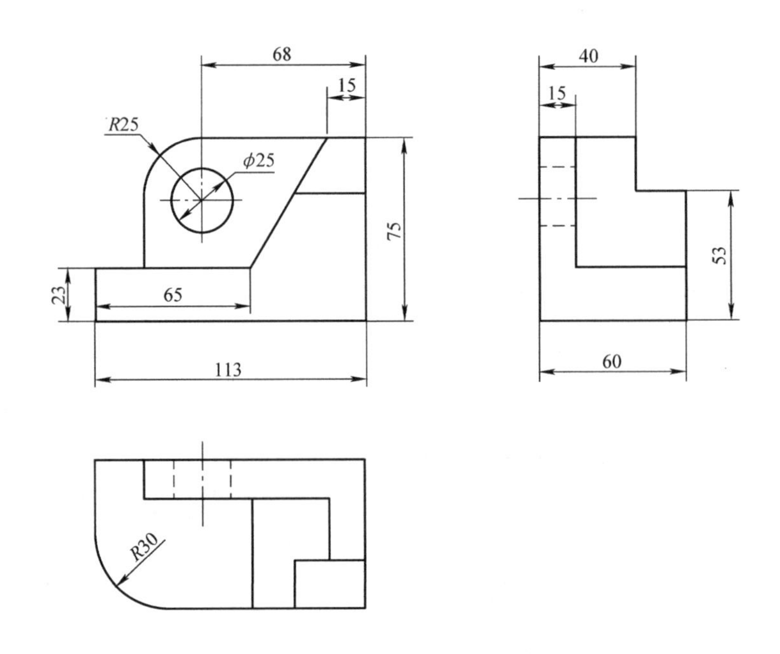

图 6-27　机件三视图

5）补画图 6-28 所示机件的左视图，将主视图改成半剖视图，并计算出剖面区域的面积，完成三视图的绘制。

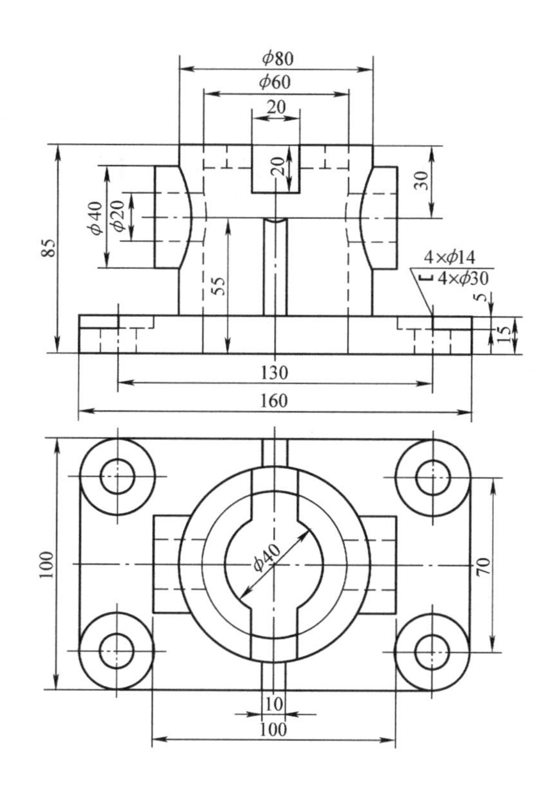

图 6-28　已知机件两视图补画左视图

四、完成尺寸标注、文字注写和技术要求标注

完成课题一～课题五中的图形的尺寸标注、文字注写和技术要求标注（不标表面粗糙度）。

五、创建文字样式及尺寸标注样式

在课题五创建的样板文件中分别创建文字样式、尺寸标注样式等，并生成新的 A0. dwt、A1. dwt、A2. dwt、A3. dwt、A4. dwt 幅面的样板文件。

课题七　块及其属性、AutoCAD 设计中心、工具选项板

一、目的

1）掌握块的制作和存盘方法。
2）掌握块及图形文件的插入方法。
3）掌握属性的定义、编辑的方法。
4）掌握外部引用的方法。
5）掌握基点命令的使用。
6）掌握在当前图形中块及外部引用编辑操作。
7）掌握 AutoCAD 设计中心的使用方法。
8）掌握工具选项板的使用方法。

二、内容

1. 制作带属性标题栏的块，块名为 BTL

1）打开课题二中绘制的标题栏图形文件。
2）设置图层，并将外框变为粗实线。
3）完成不带括号文字的注写。
4）将括号内文字处设置为属性，并设置属性标记及属性提示，如图 7-1 所示。

<table>
<tr><td colspan="3" rowspan="2">(图号)</td><td>比例</td><td>数量</td><td>材料</td><td>图号</td></tr>
<tr><td>(比例)</td><td>(数量)</td><td>(材料)</td><td>(图号)</td></tr>
<tr><td>制图</td><td>(姓名)</td><td>(日期)</td><td colspan="4" rowspan="2">(校名班级)</td></tr>
<tr><td>审核</td><td></td><td></td></tr>
</table>

图 7-1　标题栏

5）将带属性的标题栏创建成块并进行块存盘操作，如图 7-2 所示。

<table>
<tr><td colspan="3" rowspan="2"></td><td>比例</td><td>数量</td><td>材料</td><td>图号</td></tr>
<tr><td></td><td></td><td></td><td></td></tr>
<tr><td>制图</td><td></td><td></td><td colspan="4" rowspan="2"></td></tr>
<tr><td>审核</td><td></td><td></td></tr>
</table>

图 7-2　标题栏块（BTL）

2. 将图 7-3 所示的表面粗糙度符号创建为带属性的块

3. 将图 7-4 所示的基准符号创建为带属性的基准块

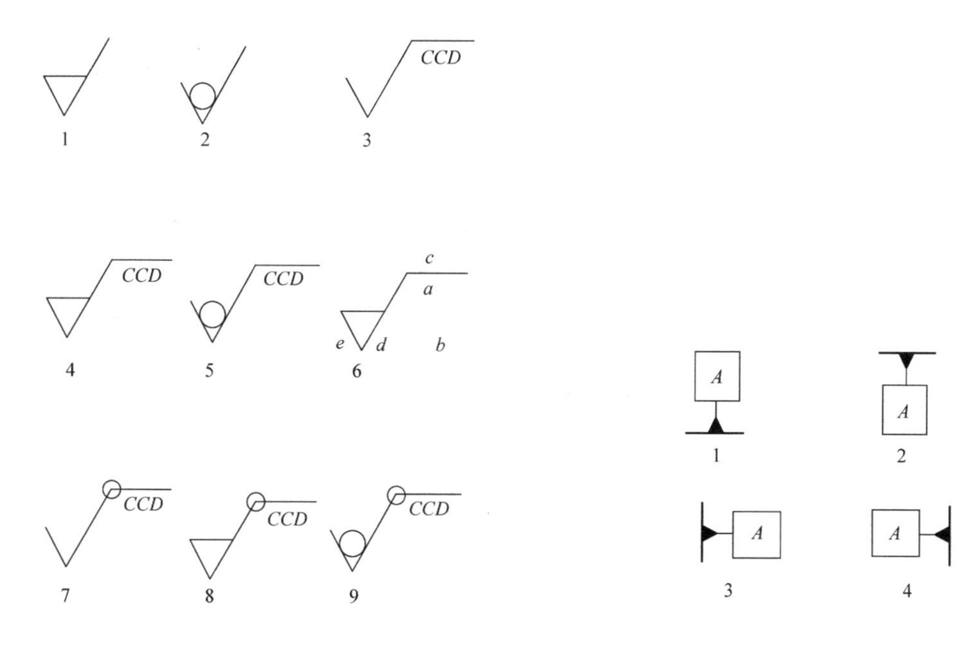

图 7-3　带属性的表面粗糙度块　　图 7-4　带属性的基准块

4. 绘制图样带边框线、图框线和标题栏，并创建为带属性的块

分别创建图样幅面为 A0、A1、A2、A3、A4 的符合要求的块。

5. 使用 AutoCAD 设计中心

（1）通过 AutoCAD 设计中心插入公制的六角头螺钉、六角头螺母等联接件　打开 AutoCAD 设计中心，在文件夹列表中找到 Fasteners-Metric. dwg 图，并选择块选项，在项目列表中，选择六角头螺钉并拖动到绘图区完成该块的插入，同样可完成六角头螺母的插入。经过编辑后的图形如图 7-5 所示。

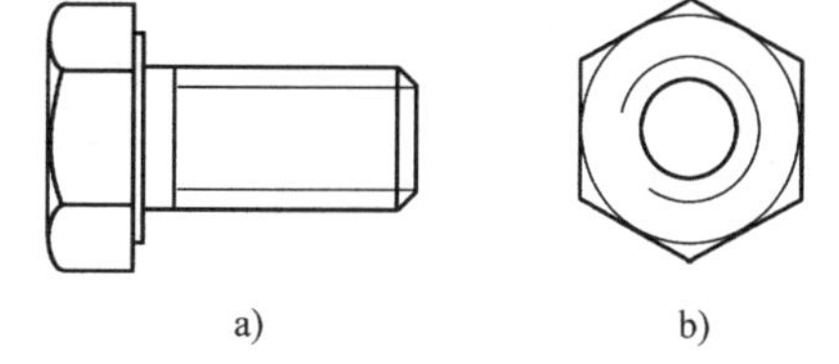

图 7-5　通过 AutoCAD 设计中心插入并经过编辑后的六角头螺钉、六角头螺母
a) 六角头螺钉　b) 六角头螺母

（2）通过 AutoCAD 设计中心可完成的内容　通过 AutoCAD 设计中心可完成：

1）浏览图形内容不同的数据资源。

2）查看块、层等实体的定义，并可复制、粘贴到当前图形中。

3）创建经常访问的图形、文件夹、插入位置及 Internet 网址的快捷方式。

4）在本地计算机或网络中查找图形目录，可以根据图形文件中包含的块，层的名称搜索，或根据文件的最后保存日期搜索。查找到文件后，可以在设计中心中打开，或拖拽到当前图形中。

5）在设计中心的图形窗口中把文件拖拽到当前图形区域。

6. 绘图时注意多文档界面的使用和图形之间的切换

7. 绘图时注意使用工具选项板，完成块的插入、命令调用等操作，以提高绘图速度

三、绘图练习

1）绘制图 7-6 所示的轴的零件图。

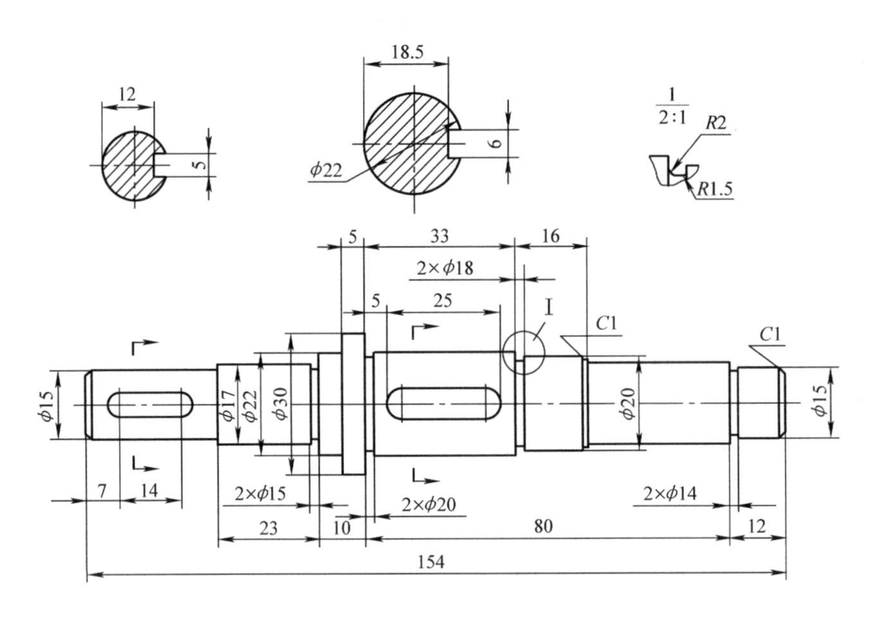

图 7-6　轴的零件图

2）补画图 7-7 所示机件的左视图（为半剖视图），完成机件三视图的表达（不标注尺寸），并求出视图中剖面区域的面积和周长。

3）补画图 7-8 所示机件的左视图为半剖视图，将主视图改为全剖视图，完成机件三视图的表达（不标注尺寸），并求出视图中剖面区域的面积。

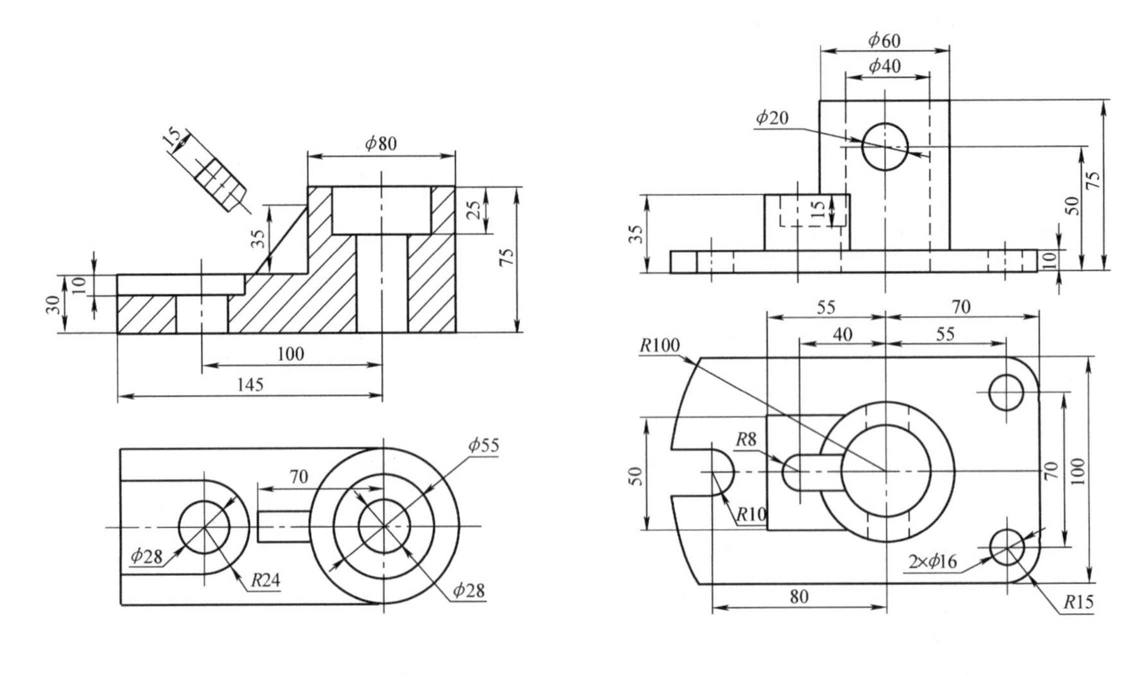

图 7-7　机件的主视图和俯视图

图 7-8　补画机件视图

4）完成图 7-9 所示的滚动轴承视图，并求出剖面区域的面积，不标注尺寸、表面粗糙度、形位公差等技术要求。

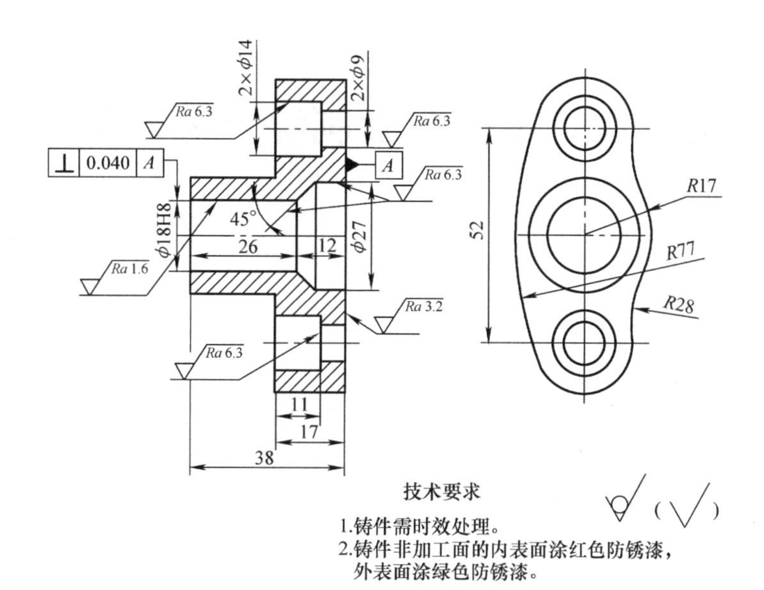

图 7-9　滚动轴承视图

四、将前面课题中的零件图补画成符合要求的零件图

注意使用块的操作。

课题八　零件图绘制综合练习操作

一、目的

1）掌握零件图包括的内容及绘图步骤。

2）掌握样板图的内容制作及调用方法。

3）掌握块的使用方法。

4）掌握 AutoCAD 设计中心的使用方法。

5）掌握工具选项板的使用方法。

二、内容

1. 零件图的内容

（1）一组视图　运用机件常用的表达方法：视图、剖视图、断面图、局部放大图等，完整、清晰地表达出零件的内、外形状和结构。

（2）尺寸数据　在零件图中应正确、完整、清晰、合理地标注零件所需要的全部尺寸。

（3）技术要求　在零件图中必须用规定的代号、数字和文字简明地表示出在制造和检验时所应达到的技术要求，如尺寸公差、表面粗糙度、热处理要求等。

（4）标题栏　在零件图中用标题栏写出零件的名称、数量、比例、图号，以及设计、制图、校核人员等。

2. 零件图的视图选择和尺寸标注

零件图视图选择的原则是：在对零件结构形状进行分析的基础上，首先根据零件的工作位置或加工位置，选择最能反映零件特征的视图作为主视图，然后再选取其他视图。选取其他视图时，应在完整、清晰地表达零件内外结构、形状的前提下，尽量减少图形数量。在零件尺寸标注时，除了要符合正确、完整、清晰的要求外，还要尺寸合理，即标注的尺寸既能满足设计要求，又能使零件便于制造、测量和检验。

3. 零件图的类型

1）轴套类零件。轴、衬套等零件。

2）盘盖类零件。端盖、阀盖、齿轮等零件。

3）叉架类零件。拨叉、连杆、支座等零件。

4）箱体类零件。阀体、泵体、减速器箱体等零件。

因此，在绘制零件图时，既要考虑到如何使用 AutoCAD 系统提高绘图速度，又要符合零件的表达要求。根据零件图的内容，灵活运用 AutoCAD 系统的各种操作，掌握绘图技巧，提高绘图速度。

4. 绘制零件图的步骤

分析零件的结构，确定采用的视图数量、主视图投射方向、技术要求的标注内容及图幅大小等；调用样板图；绘制图形；标注技术要求等。

5. 样板图的内容、制作目的及调用

（1）样板图的内容　专业的样板图包括的内容：绘图极限、绘图单位、光标捕捉模式，网格及其捕捉、图层、线型、线型比例、线宽、实体颜色、字体式样、尺寸标注式样、视窗设置、UCS坐标设置、图框、标题栏设置、图块等一些专业绘图固定不变的内容。

（2）样板图的制作目的　要正确的绘制一个AutoCAD图形，必须首先进行许多必要的设置，如图层、线型、线宽等。如果每次绘制新图都要重复这些工作，将浪费很多时间，也是十分麻烦的。因此，可以通过设置样板图的方式，尽量减少重复的工作，提高工作效率。

（3）样板图的调用　在生成一个新的图形文件时，将弹出一个“选择样板”对话框，在该对话框中，选择样板图，此时，绘图环境为设置的样板图绘图环境。

样板图包含绘图所需环境设置及一些通用的图形，其扩展名为.dwt，AutoCAD默认的样板图为ACADISO.dwt。同时AutoCAD系统也提供了大量的样板图（设置在Template文件夹下）。另外，也可制作专业绘图需要的样板图，供绘制新图时调用。

三、绘图练习

1）绘制图8-1所示的箱体零件图。

2）绘制图8-2所示的连杆零件图。

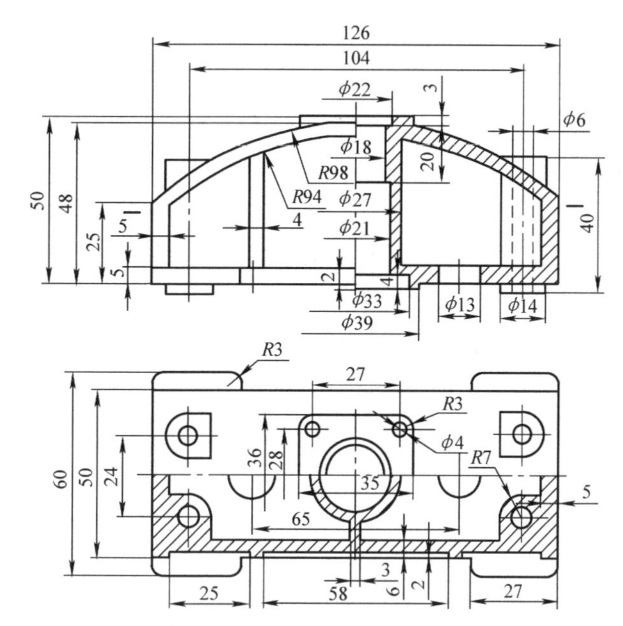

图8-1　箱体零件图

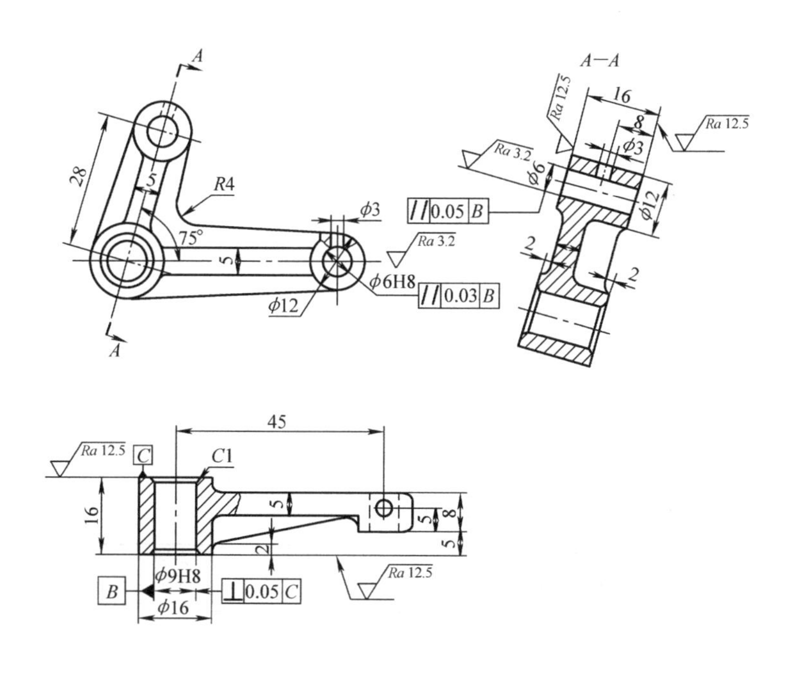

图8-2　连杆零件图

3）绘制图 8-3 所示的螺杆零件图

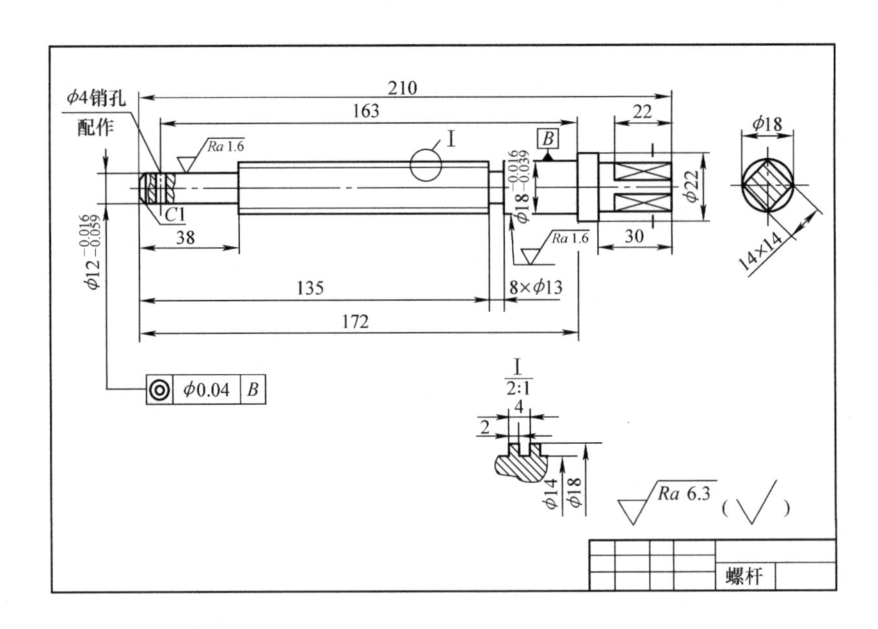

图 8-3　螺杆零件图

4）绘制图 8-4 所示的钳座零件图。

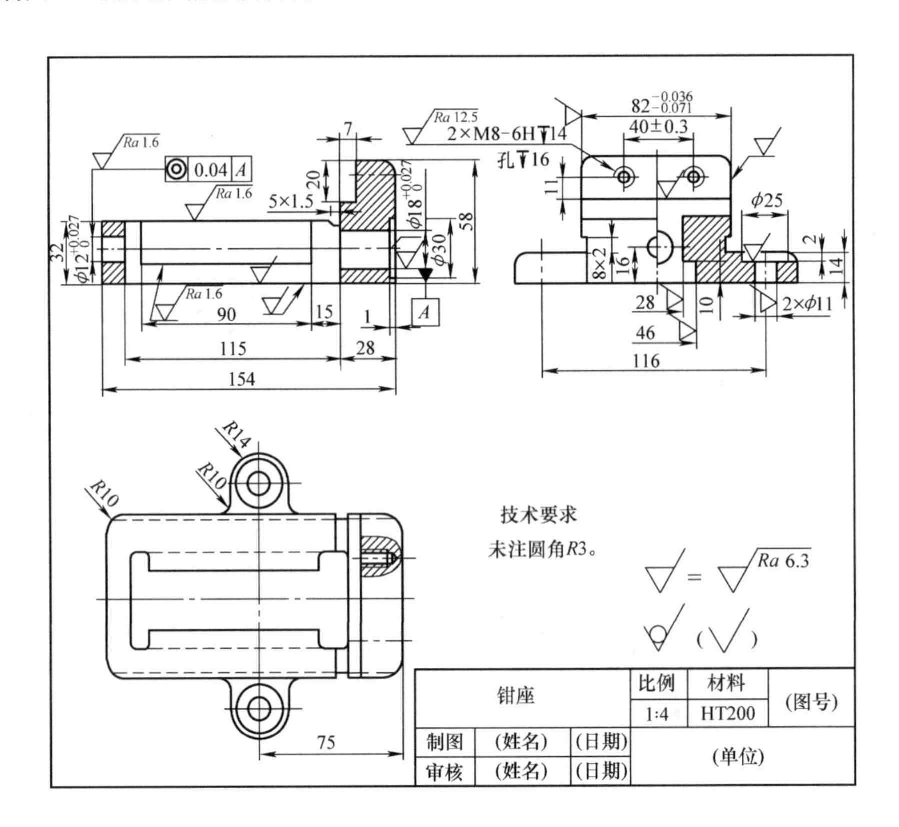

图 8-4　钳座零件图

5）绘制图 8-5 所示的活动钳身零件图。

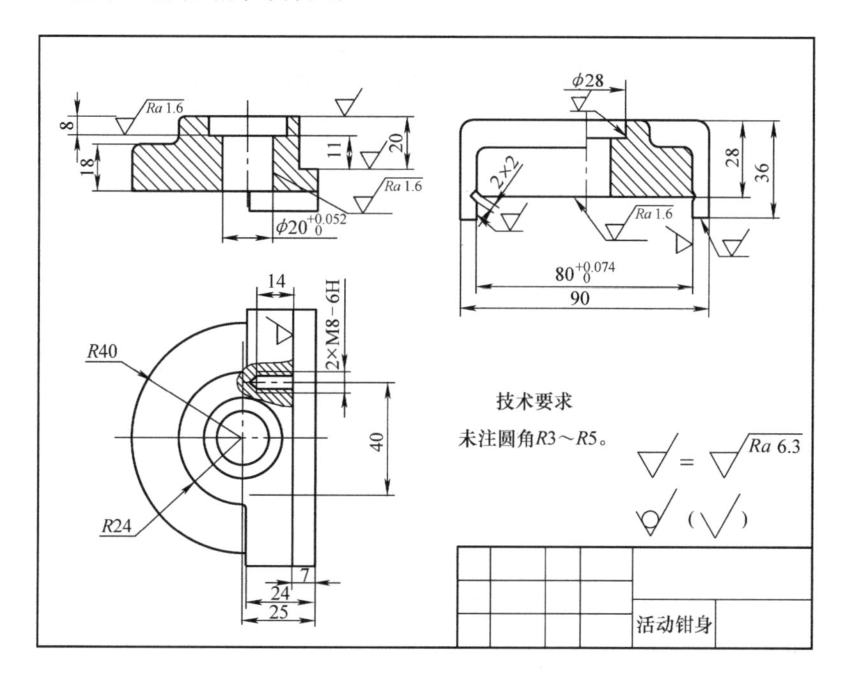

图 8-5　活动钳身零件图

6）绘制图 8-6 所示的圆柱齿轮零件图。

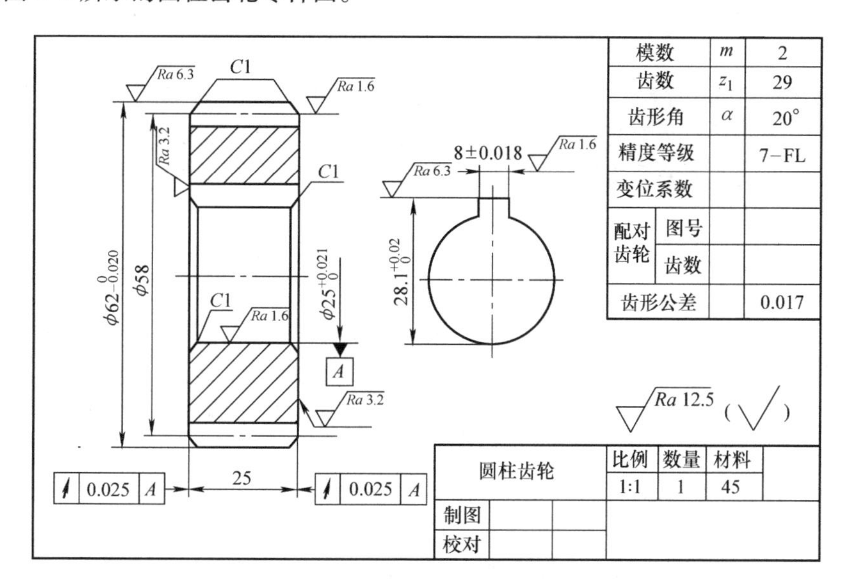

图 8-6　圆柱齿轮零件图

课题九　装配图的绘制操作

一、目的

1）掌握装配图的内容、表达方法及绘制方法。

2）掌握由零件图拼接组装装配图的技巧。

3）掌握块的插入方法。

4）掌握块的编辑方法。

5）掌握 AutoCAD 设计中心的使用方法。

6）掌握工具选项板的使用方法。

7）掌握标准文件的使用。

二、内容

1. 装配图的形式及内容

（1）装配图的形式

1）在新设计或测绘装配体时，要求画出装配图，用来确定零件的结构、形状、相对位置、工作原理、连接方式和传动路线等，以便在图上判别、校对各零件的结构是否合理，装配关系是否正确、可行等。这类装配图要求把各零件的结构、形状尽可能地表达完整、基本上能根据它画出各零件的零件图。

2）当加工好的零件进行装配时，用来指导装配工作能顺利地进行的装配图。这种装配图着重要表明各零件之间的相互关系及装配关系，而对每个零件的结构、对同装配无关的尺寸，没有特别要求。

3）只表示机器的安装关系及各部件之间相对位置的装配图。这种装配图只要求画出各部件的外形。

（2）装配图的内容

1）一组视图。用来表达装配体的结构、形状及装配关系。

2）必要的尺寸。标注出表示装配体性能、规格及装配、检验、安装时所需的尺寸。

3）技术要求。用符号或文字注写装配体在装配、试验、调整、使用时的要求、规则、说明等。

4）零件的序号和明细栏。组成装配体的每一个零件，按顺序编上序号，并在标题栏上方列出明细栏，栏中注明各零件的名称、数量、材料等，以便于读图及进行生产准备工作。

5）标题栏。注明装配体的名称、图号、比例及责任者的签名和日期等。

2. 装配体的表达方法

（1）主视图　一般将装配体的工作位置作为选取主视图的位置，以最能反映装配体的装配关系、传动路线、工作原理及结构的方向作为画主视图的投射方向。

（2）其他视图　主视图未能表达清楚的装配关系及传动路线，应根据需要配以其他视图、斜视图或旋转视图等，根据结构要求也可作适当的剖视图、断面图，同时应照顾到图幅的布局。

3. 在 AutoCAD 系统中，绘制装配图的方法

一般单独绘制出装配图中的各零件的零件图，然后制成块或块文件，通过块的插入或外部引用在一装配图的主要零件的零件上，插入或引用其他零件的零件图，根据装配图的要求通过编辑完成装配图图形。再根据装配的内容完成其他内容。

因此，在绘制装配图时，经常要进行块的制作、插入及引用，图形的编辑，技术要求的注写，文字的注写等操作。

另外，在绘制装配图时，常常使用到 AutoCAD 设计中心和工具选择板，插入已存的块；根据要求要绘制零件序号，即将标注的序号制成块，并采用 Qleader 命令进行插入；还要填写明细栏。

4. 绘制图 9-1 所示的机用虎钳装配图

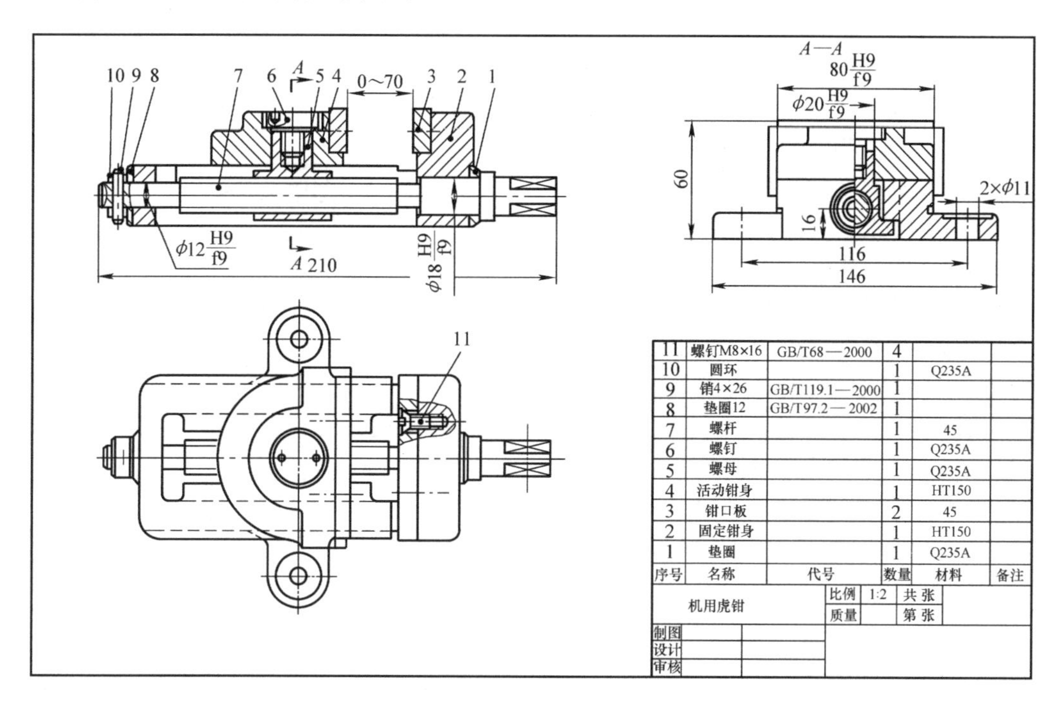

序号	名称	代号	数量	材料	备注
11	螺钉M8×16	GB/T68—2000	4		
10	圆环		1	Q235A	
9	销4×26	GB/T119.1—2000	1		
8	垫圈12	GB/T97.2—2002	1		
7	螺杆		1	45	
6	螺钉		1	Q235A	
5	螺母		1	Q235A	
4	活动钳身		1	HT150	
3	钳口板		2	45	
2	固定钳身		1	HT150	
1	垫圈		1	Q235A	

图 9-1　机用虎钳装配图

1）装配图分析及表达方案的确定。机用虎钳的主要零件有固定钳身、活动钳身、钳口板、螺杆、螺母、垫圈、销等共 11 种零件。机用虎钳安装在机床的工作台上，用于夹紧被加工零件，它的装配关系如图 9-2 所示。图中零件的序号及名称与图 9-1 中的零件序号和名称相同。通过分析，确定主视图：将其按工作位置水平放置，沿着螺杆中心对称面将其剖开，主视图主要表达装配关系；同时再绘制出俯视图和左视图两个基本视图，俯视图主要表达机用虎钳的外形；左视图沿螺杆的垂直轴线剖开，将其绘成半剖视图；另外再绘制出矩形螺纹的局部放大图。

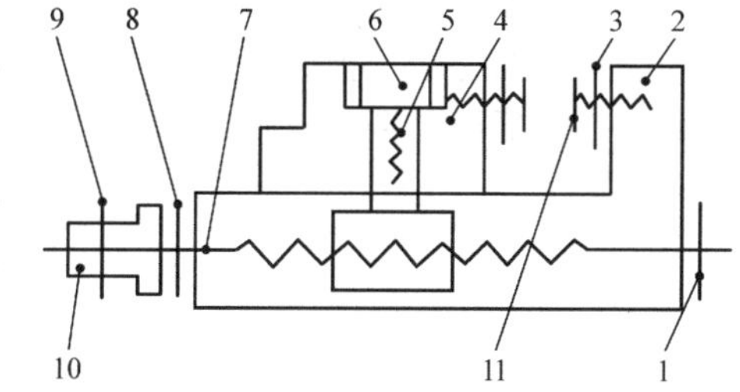

图 9-2　机用虎钳装配示意图

2）启动 AutoCAD 并进入系统绘图屏幕工作界面。

3）打开已存在的固定钳身零件图。

4）按装配关系将已绘出的机用虎钳的各零件的零件图，插入到钳身的零件图中，通过编辑使装配满足要求。

5）绘制局部放大图，根据要求补画出必要的图形。

6）按装配要求标注必要的尺寸，例如，与装配体有关的性能、装配、安装、运输等有关尺寸，常包括特性尺寸（规格尺寸）、装配尺寸、安装尺寸、外形尺寸以及零件的主要结构尺寸等。

7）绘制明细栏。根据零件的数量，在标题栏上方或左侧按要求画出零件明细栏。

8）绘制零件序号。在绘制零件序号时，将标注的序号制成块，并采用 Qleader 命令进行插入。

9）标注技术要求、填写标题栏、明细栏。

10）检查、编辑修改，并存盘。

完成机用虎钳装配图，如图 9-1 所示。

在插入零件时，可采用块的插入，也可采用 AutoCAD 设计中心插入。

三、绘图练习

绘制千斤顶的装配图。

（1）装配图分析及表达方案的确定　千斤顶组成的零件有底座、起重螺杆、旋转杆、螺钉和顶盖。它是用于顶起重物的部件。使用时，只需逆时针转动旋转杆 3，起重螺杆 2 就向上移动，并将重物顶起。它的装配关系示意图如图 9-3 所示。通过分析，确定主视图为将其按工作位置水平放置，沿着起重螺杆中心将其剖开，绘制出全剖视图，主视图主要表达装配关系；同时再绘制出 *C* 向视图和 *A*—*A*、*B*—*B* 剖视图。

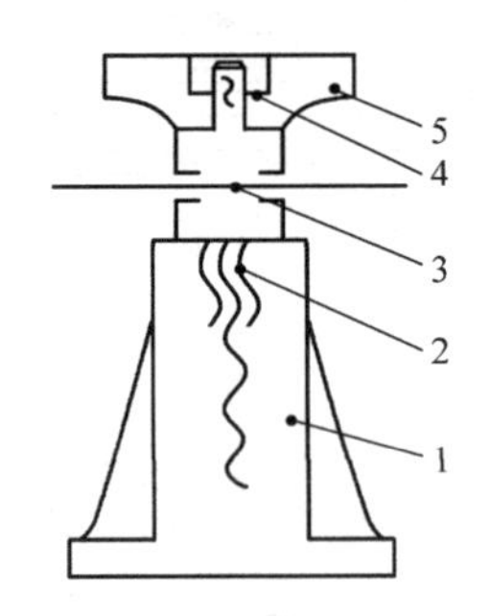

千顶装配示意图

5	顶盖	1	45		
4	螺钉	1	30		
3	旋转杆	1	45		
2	起重螺杆	1	45		
1	底座	1	HT300		
序号	零件名称	数量	材料		备注
(图名)		比例	数量	材料	图号
		(比例)	(数量)	(材料)	(图号)
制图	(姓名)	(日期)	(校名班级及学号)		
审核	(审核人名)				

标题栏和明细栏

图 9-3　千斤顶的装配关系示意图、标题栏和明细栏

（2）绘制千斤顶的主要零件图

1）绘制顶盖的零件图，如图 9-4 所示。

2）绘制底座的零件图，如图 9-5 所示。

3）绘制旋转杆的零件图，如图 9-6 所示。

4）绘制起重螺杆的零件图，如图 9-7 所示。

5）绘制螺钉的零件图，如图 9-8 所示。

（3）绘制千斤顶装配图

1）调用底座的零件图（见图 9-5）。

2）按装配关系将已绘出的千斤顶的各零件的零件图，插入到底座的零件图中，通过编辑使装配满足要求，并绘制 *A*—*A* 和 *B*—*B* 剖视图。

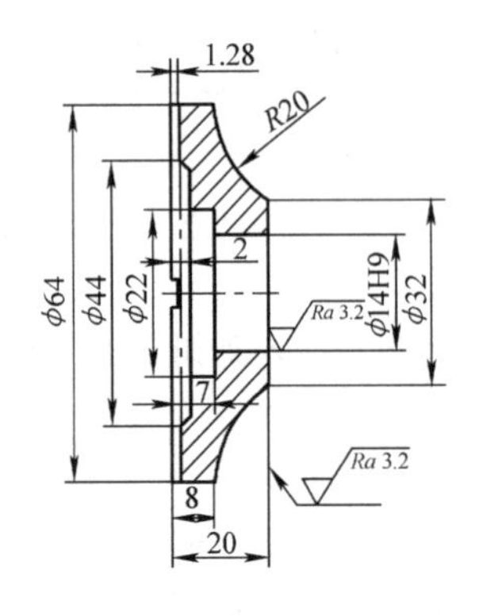

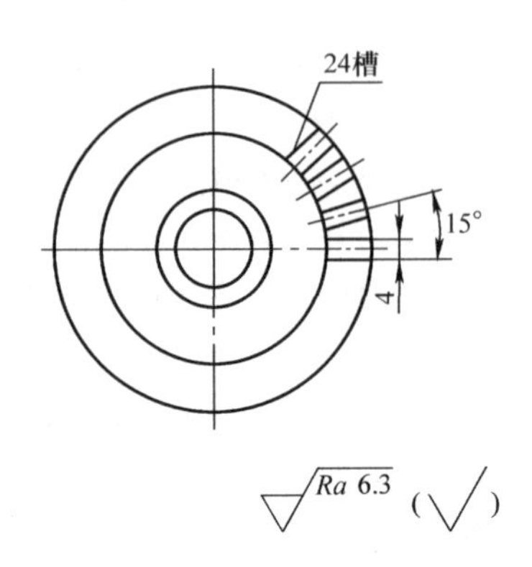

图 9-4　顶盖的零件图

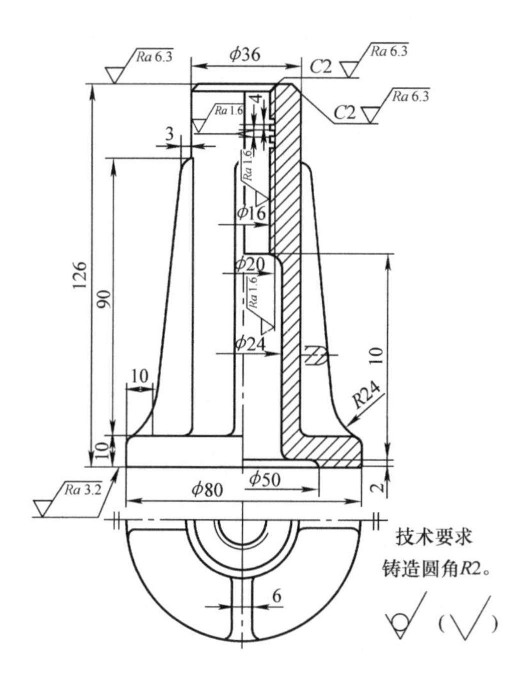

图 9-5　底座的零件图

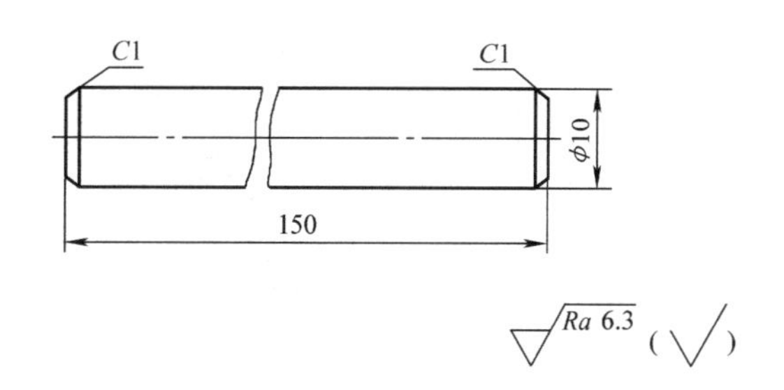

图 9-6　旋转杆的零件图

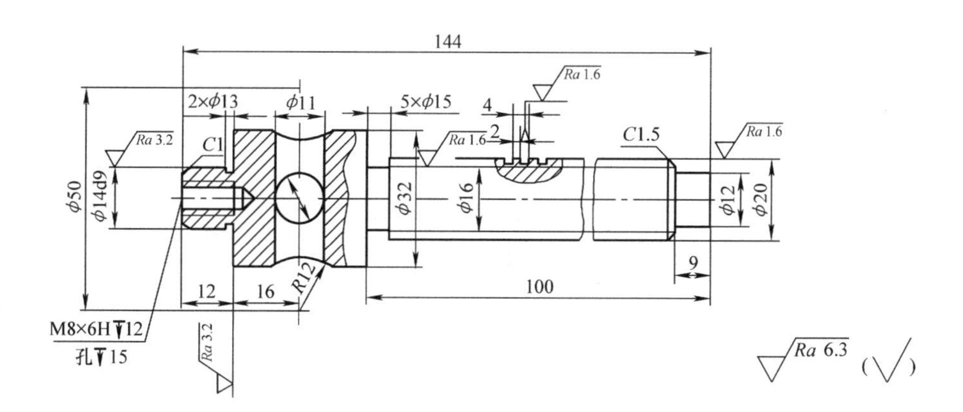

图 9-7　起重螺杆的零件图

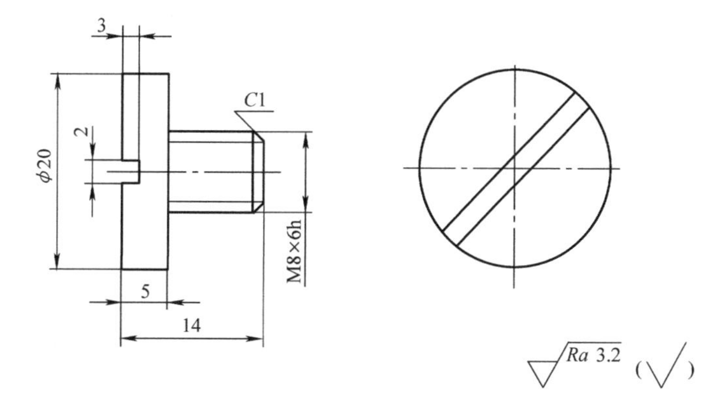

图 9-8　螺钉的零件图

3）按装配要求标注必要的尺寸，例如，与装配体有关的性能、装配、安装、运输等有关尺寸，常包括特性尺寸（规格尺寸）、装配尺寸、安装尺寸、外形尺寸以及零件的主要结构尺寸等。

4）根据零件的数量，在标题栏上方或左侧按要求画出零件明细栏。

5）绘制零件序号。在绘制零件序号时，将标注的序号制成块，并采用 Qleader 命令进行插入。

6）标注技术要求、填写明细栏、标题栏。

7）检查、编辑修改，并存盘。

完成的千斤顶装配图，如图 9-9 所示。

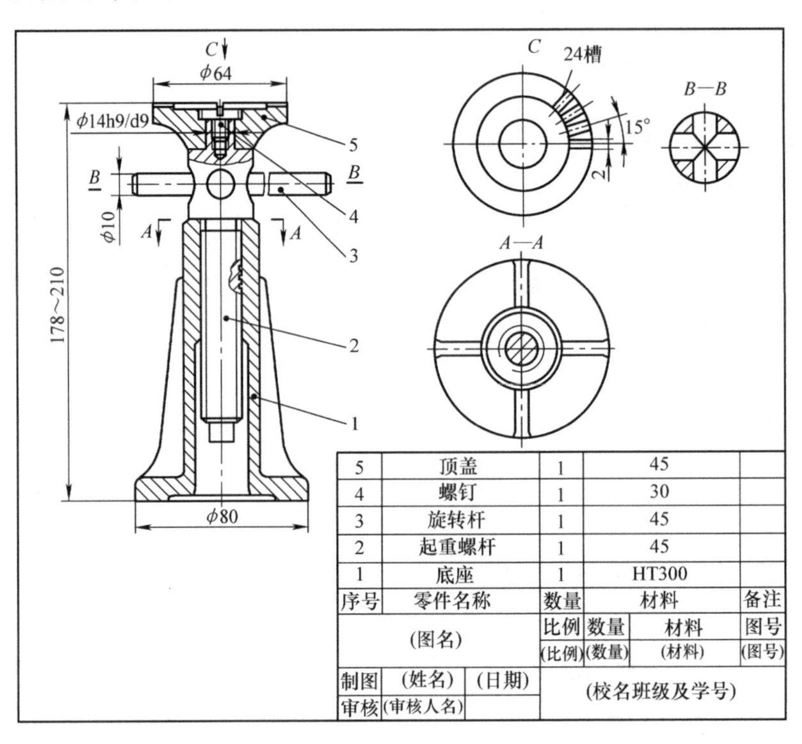

图 9-9　千斤顶装配图

课题十　正等轴测图绘制操作

一、目的

1）掌握正等轴测图的绘制方法。

2）掌握打开轴测图绘图模式及绘图轴测平面的转换。

3）掌握 AutoCAD 命令在绘制正等轴测图时的操作使用。

4）掌握轴测图的文字注写和尺寸标注。

二、内容

1. 绘制图 10-1 所示的支架轴测图

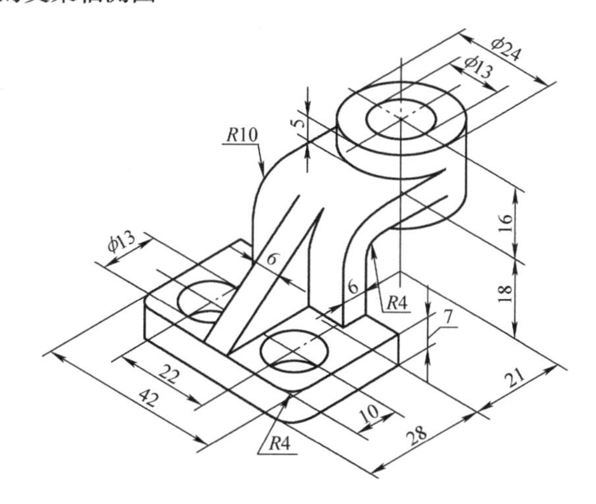

图 10-1　支架轴测图

（1）建立一个新图形文件　以 A3 样板图打开图形文件。

（2）绘图设置　用栅格捕捉命令将栅格设置为等轴测栅格捕捉方式（I），或通过“草图设置”对话框，将“捕捉类型和样式”栏中的等轴测捕捉单选按钮选中。

（3）选择作图等轴测面　可用 Isoplane、F5 键或 Ctrl + E 组合键等方法进行绘图轴测平面的转换。

（4）绘制底座

1）连续按 F5 键，直到在命令行显示“〈等轴测平面 上〉”，将等轴测面的上平面设置为当前平面。

2）绘制直线。调用“直线”命令，并在绘图窗口单击任意位置作为直线的起始点，然后依次输入点（@28 <30）、（@42 <150）、（@42 < -30）和 C，完成一封闭四边形的绘制，如图 10-2 所示。也可设置极轴追踪，将光标放置 30°、150°和 120°，并分别输入线段长度 28、42，来完成四边形的绘制。

3）绘制等轴测圆。调用“椭圆”命令，并选择 I 选项，切换到等轴测圆绘制模式，“在对象捕捉”工具条中单击“临时追踪点”按钮，从角点沿 30°方向追踪 4、沿 150°方向追踪 4，单击确定圆心位置，并指定等轴测圆半径为 4。以同样的方法完成直径为 $\phi13$ 的等轴测圆，如图 10-3 所示。

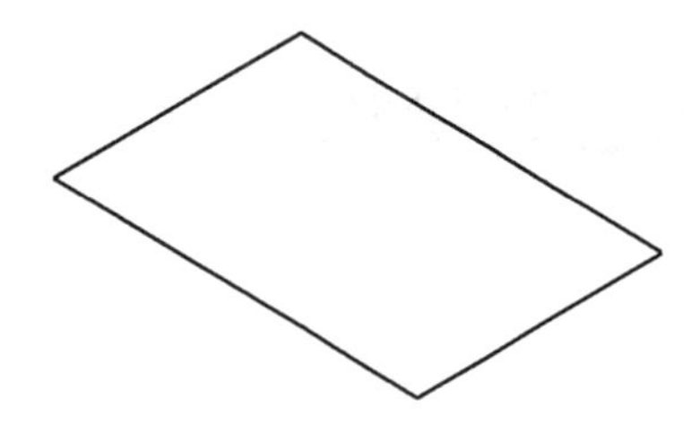

图 10-2　绘制的四边形

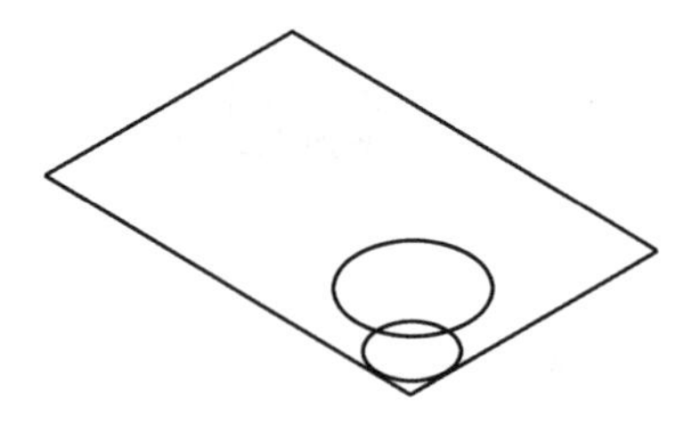

图 10-3　绘制的等轴测圆

4）调用“复制”命令，选择半径为 4 的圆，并以该圆圆心为基点，沿 150°方向追踪线，输入数值 34，复制该圆。以同样方法选择直径 ϕ13 的圆，并以该圆圆心为基点，沿 150°方向追踪线输入数值 22，复制该圆，如图 10-4 所示。

5）复制图 10-4 所示的图形。选择顶点为基点，沿 270°方向追踪线输入数值 7，完成的图形，如图 10-5 所示。

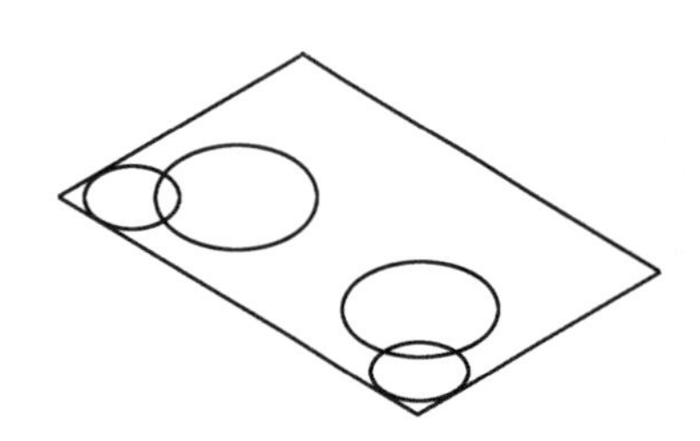

图 10-4　复制的圆

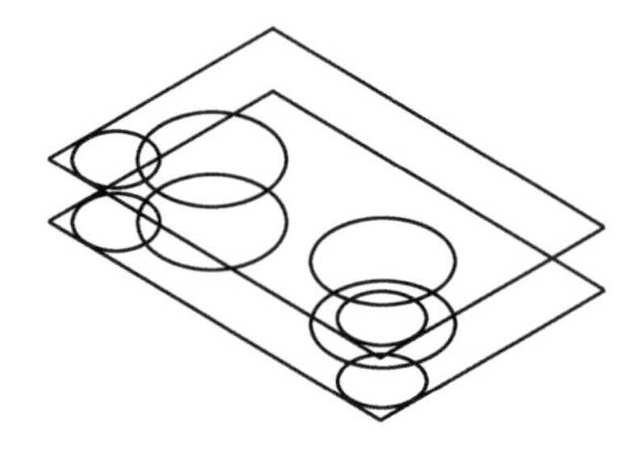

图 10-5　复制的图形

6）调用“修剪”命令完成图形的修剪编辑，如图 10-6 所示。

7）采用“捕捉到象限点”按钮，绘制外公切线，采用“捕捉到交点”按钮，补画一条棱线，并删除多余的线段，完成的图形，如图 10-7 所示。

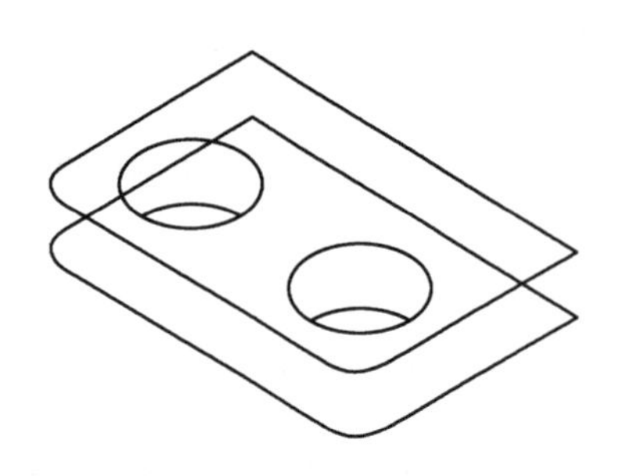

图 10-6　修剪编辑后的图形

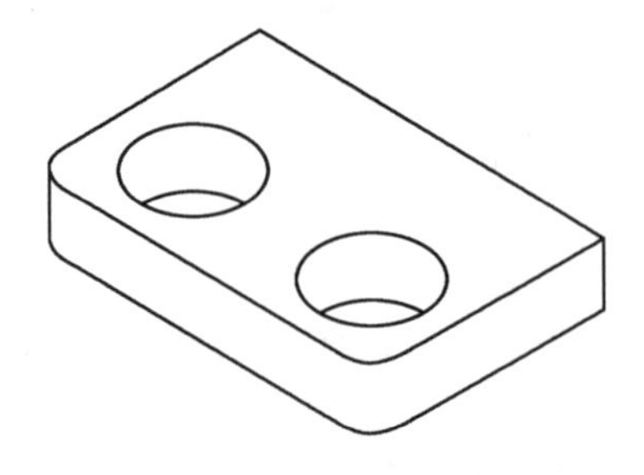

图 10-7　编辑修改后的图形

（5）绘制 L 形连接支架

1）连续按 F5 键，直到在命令行显示“〈等轴测平面 右〉”，将等轴测面的右平面设置为当前平面。

2）绘制直线。调用“直线”命令，单击“对象捕捉”工具条中的“捕捉自”按钮，选择右上角角点为捕捉点，然后沿 150°方向追踪线输入数值 9，沿 90°方向追踪线输入数值 16，沿 30°方向追踪线输入数值 21，沿 90°方向追踪线输入数值 6，沿 210°方向追踪线输入数值 27，沿 270°方向追踪线输入数值 22，输入 C，完成图形，以同样方法完成另外几条直线的绘制，完成 L 型支架的绘制，如图 10-8 所示。

3）用 F5 键，将绘图平面切换到“上（T）”平面，绘制半径为 12 的圆。调用“椭圆”命令并选择 I 模式，用“捕捉到中点”命令，捕捉线段的中心作为圆心，绘制半径为 12 的等轴测圆，如图 10-9 所示。

4）用 F5 键，将绘图平面切换到“右（R）”平面，绘制半径为 4 和半径为 10 的等轴测圆（圆心的确定可采用“临时追踪点”），如图 10-9 所示。

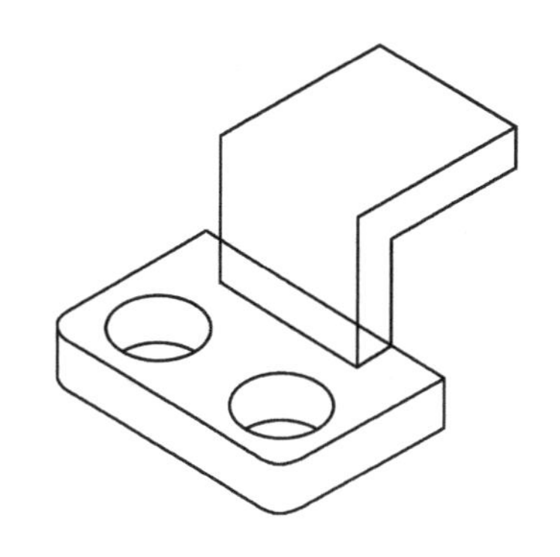

图 10-8　L 形支架的绘制

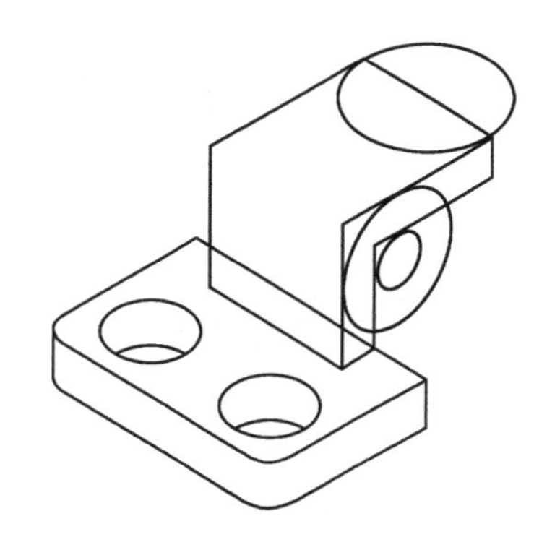

图 10-9　绘制的等轴测圆

5）复制半径为 12 的圆。调用“复制”命令，选择半径为 12 的圆，并将该圆圆心作为基点，沿 90°方向追踪线输入数值 5，沿 270°方向追踪线输入数值 11，完成复制。同样可以完成半径为 10 的圆的复制，此时沿 150°方向追踪线输入数值 24，完成复制，如图 10-10 所示。

6）修剪图形，并绘制等轴测圆的两条公切线（采用“捕捉到象限点”的特殊点捕捉方式）。完成图形，如图 10-11 所示。

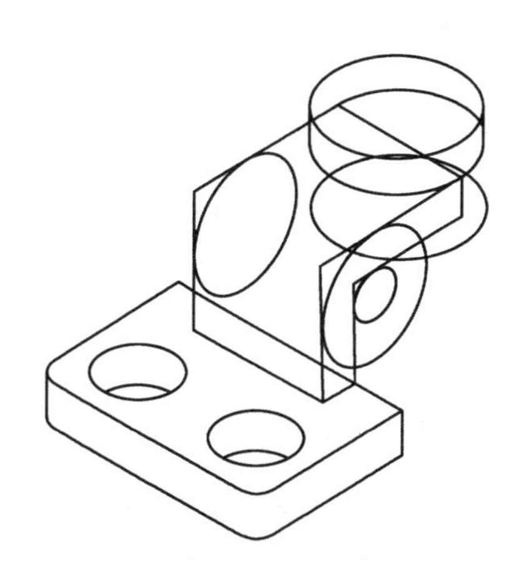

图 10-10　复制的圆图形

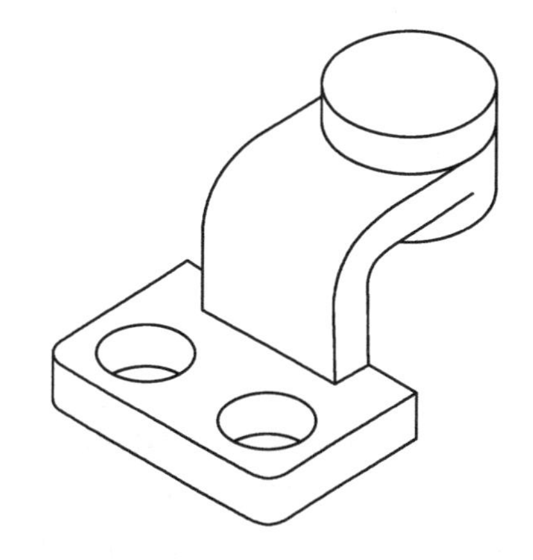

图 10-11　修剪后的图形及公切线绘制

7）用 F5 键，将绘图平面切换到“上（T）”平面，捕捉半径为 12 的圆的圆心为直径为 13 的圆的圆心，完成该圆的等轴测圆的绘制，如图 10-12 所示。

8）用 F5 键，将绘图平面切换到“右（R）”平面，以 L 型支架的左下角点为基点，复制该处的直线和与之相连的圆弧，复制点为沿 150°方向追踪线输入数值 9，完成图形，如图 10-12 所示。

（6）绘制肋板

1）调用直线命令，以复制的直线端点为起始点，沿 150°方向追踪线输入数值 22，然后用“捕捉到切点”捕捉复制的圆弧的切点，完成图形绘制，如图 10-13 所示。

2）复制斜线，以斜线的端点为基点，沿 150°方向追踪线输入数值 6 为复制点，完成图形绘制，如图 10-13 所示。

3）修改编辑图形，用编辑命令将多余的线段删除，完成图形如图 10-13 所示。

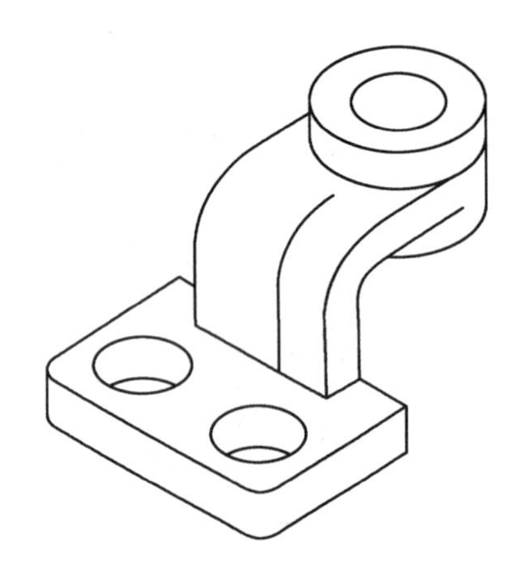

图 10-12　绘制的等轴测圆和复制的图形

图 10-13　完成的肋板绘制及编辑后的图形

（7）标注尺寸　标注轴测图尺寸的一般步骤：

1）创建两种文字类型，其倾斜角分别为 30°和 -30°。

2）如果沿 *X* 或 *Y* 轴测投影轴画尺寸线，可用“对齐标注”命令进行最初的尺寸标注。

3）标注完成后，可使用“编辑标注”命令的“倾斜（O）”选项改变尺寸标注的角度。为了绘制位于左轴测面的尺寸线，可以把尺寸界线设置为 150°或 -30°；或想绘制位于右轴测面的尺寸线，可以设置尺寸界线为 30°或 210°；为了绘制上轴测面的尺寸标注，需要设尺寸界线为 30°、-30°、150°或 210°。

4）如果标注文字是水平方向(而且文字是平行尺寸线的)，使用“编辑标注”命令的“旋转(R)”选项，放置标注文字到 30°、-30°、90°、-90°、150°或 210°，以使文字垂直或平行于尺寸线。

5）使用“编辑标注文字”命令或“编辑标注”命令的“旋转（R）”选项，旋转标注文字的基线，使之与对应的轴测线平行。

完成轴测图尺寸的标注，如图 10-1 所示。

2. 在轴测图中标注文字

在轴测图中标注文字时，为了使文字看起来像在当前轴测面中，就必须使用倾斜角和旋转角来设置文字，且文字倾斜角和文字基线旋转角为 30°或 -30°。

1）创建“轴测图 1”文字样式，在弹出的“文字样式”对话框中的“SHX 字体”的下拉列表框中选择 gbenor. shx（标注直体字母与数字）；在“大字体”下拉列表框中采用 gbcbig. shx；在“效果”选项组中设置“倾斜角度”为 30°，单击“关闭”按钮，完成文字样式创建。

2）使用同样方法，创建“轴测图 2”文字样式，仅将设置字体“倾斜角度”为 -30°。

3）在右轴测面标注文字，调用“单行文字”注写命令，选择文字样式为“轴测图 1”，并指定文字起点，按要求设置文字高度，旋转角度为 30°，然后输入文字即为在右轴测面上的注写文字。

4）在上轴测面上标注文字，调用“单行文字”注写命令，选择文字样式为“轴测图1”，并指定文字起点，按要求设置文字高度，旋转角度为 -30°；或选择文字样式为“轴测图2”，旋转角度30°，然后输入文字即为在上轴测面上的注写文字。

5）在左轴测面上标注文字，调用“单行文字”注写命令，选择文字样式为“轴测图2”，并指定文字起点，按要求设置文字高度，旋转角度为 -30°，然后输入文字即为在左轴测面上的注写文字。

完成的文字注写，如图10-14所示。

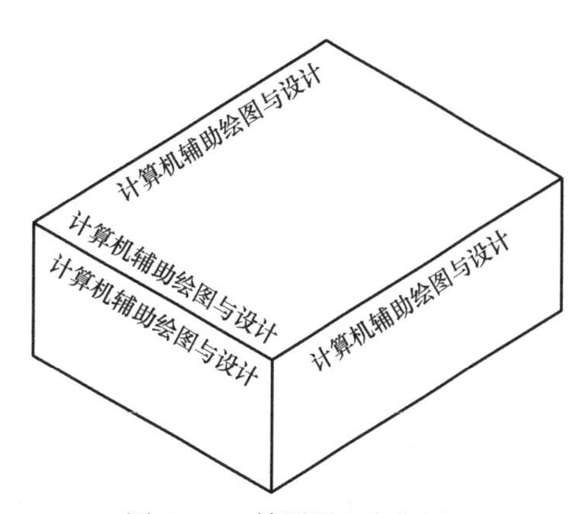

图10-14　轴测图文字注写

三、绘图练习

1）绘制图10-15所示的机件轴测图1。

2）绘制图10-16所示的机件轴测图2。

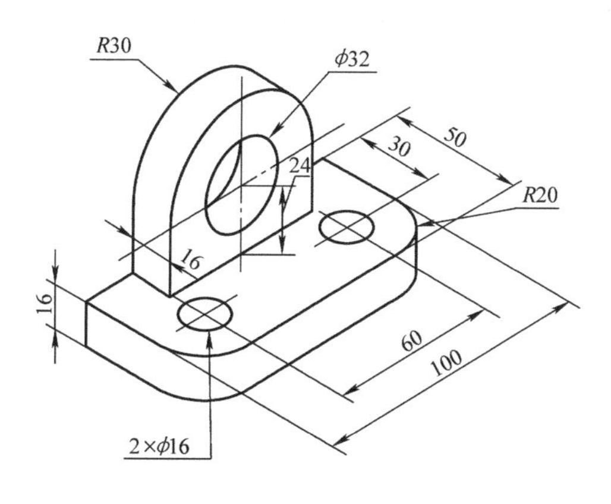

图10-15　机件轴测图1

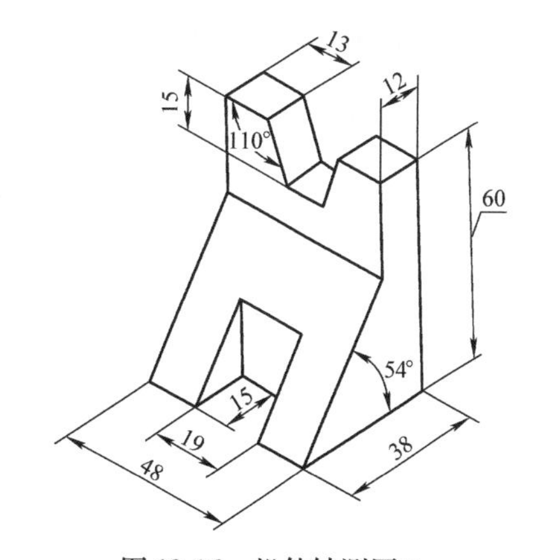

图10-16　机件轴测图2

3）绘制图10-17所示的机件轴测图3。

4）绘制图10-18所示的机件轴测图4。

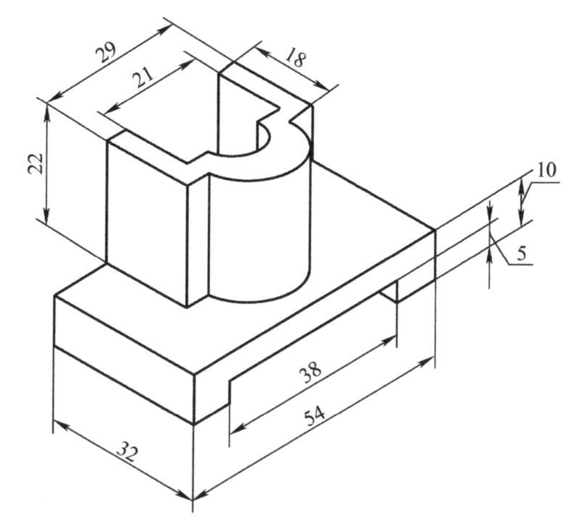

图10-17　机件轴测图3

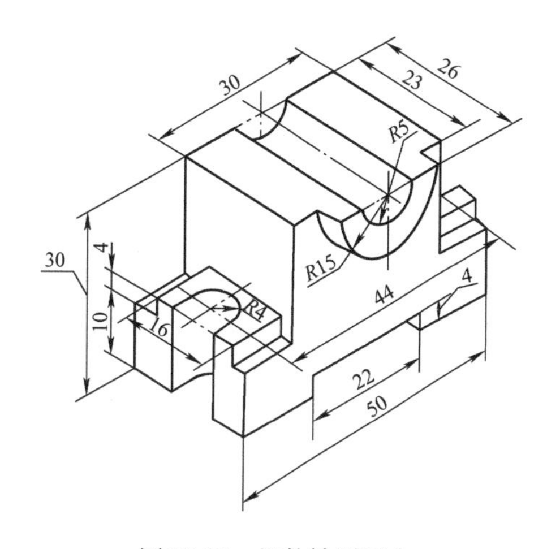

图10-18　机件轴测图4

5）绘制图 10-19 所示的机件轴测图 5。

6）绘制图 10-20 所示的机件轴测图 6。

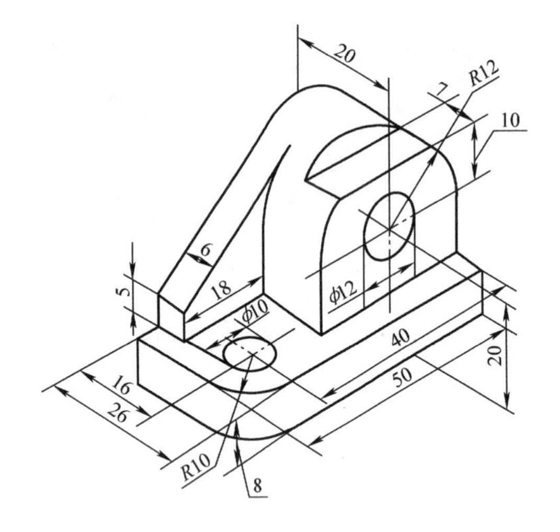

图 10-19　机件轴测图 5

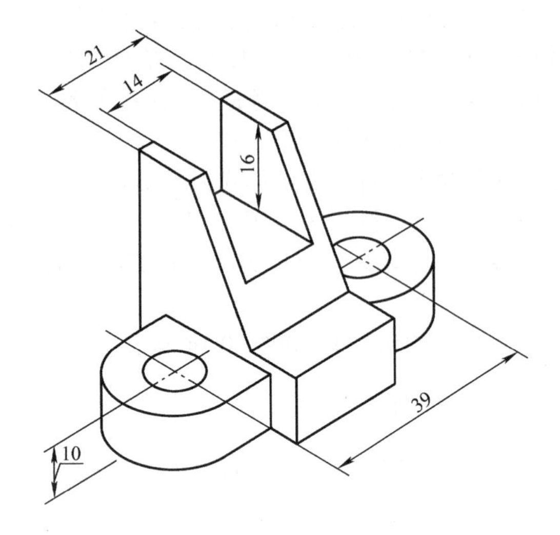

图 10-20　机件轴测图 6

课题十一　三维图形和实体造型的绘制操作

一、目的

1）掌握三维实体绘图环境设置

2）掌握用户坐标系的设置方法

3）掌握三维视点的设置方法

4）掌握三维视图的动态显示的方法。

5）掌握创建视图命令的应用。

6）掌握三维图形和实体造型的消隐、着色和渲染方法。

7）掌握基面设置的应用和二维半（2.5）图形的绘制方法。

8）掌握三维（3D）图形的绘制方法和基本三维实体造型的绘制方法。

9）掌握三维图形和实体造型的编辑方法。

10）掌握二维绘图及编辑命令在三维图形绘图和实体造型中应用。

11）掌握视窗内图层控制命令的应用。

12）掌握将二维图形拉伸和旋转成实体造型的方法。

13）掌握三维实体造型的布尔运算。

14）掌握面域造型的应用。

15）掌握三维实体造型的查询方法。

二、内容

1. 绘制图11-1所示的图形（二维半图形）

（1）绘图分析　该图是一个二维半图形，即仅将一些图形实体赋予了高度和厚度，如用Line、Pline、Circle等绘制二维实体后，为其设置一定的厚度和高度，就成为了二维半图形。二维半图形不是真正的三维图形，它是由三维面构成的非实心体，而且大部分形体是不封闭的。它不能执行布尔运算。二维半图形的高度是*Z*坐标轴方向上与当前绘图平面的垂直的距离，厚度是所绘图形在当前的UCS坐标系*Z*轴方向延伸的长度距离。

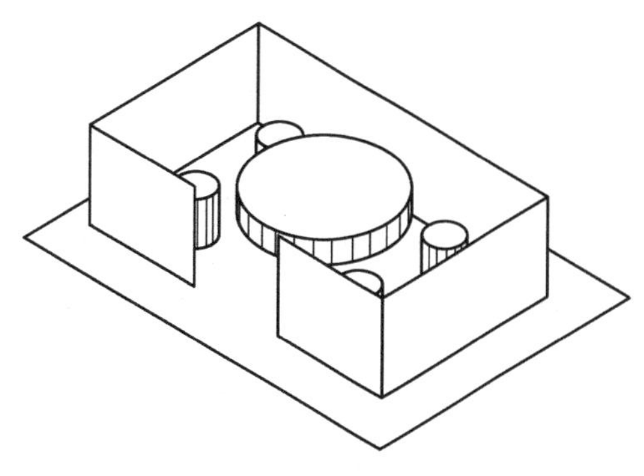

图11-1　院落布局图

（2）设置视点　调用“视点”命令（Vpoint）。

提示，当前视图方向：VIEWDIR＝0.0000，0.0000，1.0000

指定视点或［旋转（R）］〈显示坐标球和三轴架〉：1，－1，1↓

设置当前视点为（1，－1，1）

（3）绘制底面　调用“三维面（3dface）”命令。

提示，指定第一点或［不可见（I）］：5，15↓

指定第二点或［不可见（I）］：5，75↓

指定第三点或［不可见（I）］〈退出〉：90，75↓

指定第四点或［不可见（I）］〈创建三侧面〉：90，15↓

指定第五点或［不可见（I）］〈退出〉：↓

（4）绘制围墙　调用基面设置命令（Elev）。

提示，指定新的默认标高〈0.0000〉：↓

指定新的默认厚度〈0.0000〉：20↓

调用绘制“直线（Line）”命令。

提示，指定第一点：35，25↓

指定下一点或［放弃（U）］：10，25↓

指定下一点或［放弃（U）］：10，65↓

指定下一点或［闭合（C）/放弃（U）］：80，65↓

指定下一点或［闭合（C）/放弃（U）］：80，25↓

指定下一点或［闭合（C）/放弃（U）］：55，25↓

指定下一点或［闭合（C）/放弃（U）］：↓

（5）绘制石桌及石椅　调用基面设置命令（Elev）。

提示，指定新的默认标高〈默认值〉：↓

指定新的默认厚度〈默认值〉：10↓

调用绘制“圆（Circle）”命令。

提示，指定圆的圆心或［三点（3P）/两点（2P）/相切、相切、半径（T）］：捕捉围墙中心

指定圆的半径或［直径（D）］：D↓

指定圆的直径〈默认值〉：13↓

调用基面设置命令（Elev）。

提示，指定新的默认标高〈默认值〉：10↓

指定新的默认厚度〈默认值〉：5↓

调用绘制“圆（Circle）”命令。

提示，指定圆的圆心或［三点（3P）/两点（2P）/相切、相切、半径（T）］：捕捉圆心

指定圆的半径或［直径（D）］：15↓

调用基面设置命令（Elev）。

提示，指定新的默认标高〈默认值〉：0↓

指定新的默认厚度〈默认值〉：10↓

提示，指定圆的圆心或［三点（3P）/两点（2P）/相切、相切、半径（T）］：65，35↓

指定圆的半径或［直径（D）］：10↓

调用“阵列（Array）”命令

在弹出的“阵列”对话框中，选择“矩形阵列”单选按钮，列和行均为2、行间距为20、列间距为-40、选择石椅为阵列对象，单击“确定”按钮，完成阵列操作。

（6）三维消隐　调用“消隐（Hide）”命令，完成的图形如图11-1所示。

（7）三维图形着色　调用“着色（Shade）”，观察效果。

（8）用视图动态显示观察图形

（9）视窗图层控制　在绘图时可采用视窗图层控制操作，便于作图。

2. 绘制图11-2所示的底座三维图形

（1）绘图环境设置

1）设置视图，选择“视图”→“三维视图”→“西南等轴测”，将当前视图切换为西南视图。

2）创建图层，分别创建“座侧面、座底面、座顶面和圆筒面”4个层，并把这4个图层关闭。

(2）绘制底座

1）绘制长、宽为120的矩形。

2）在矩形的一个角点绘制高为10的直线，如图11-3所示。

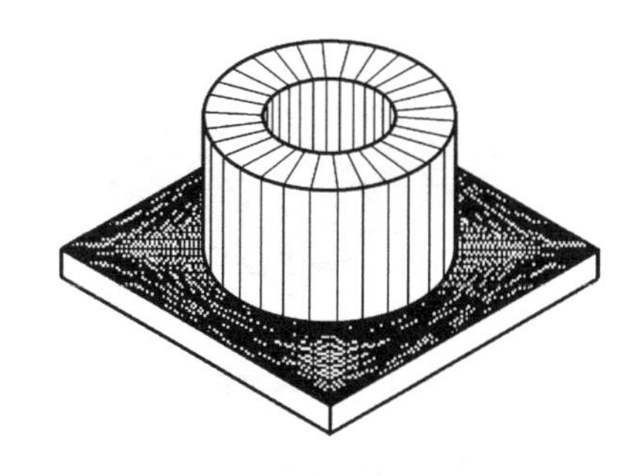

图11-2　底座三维图形

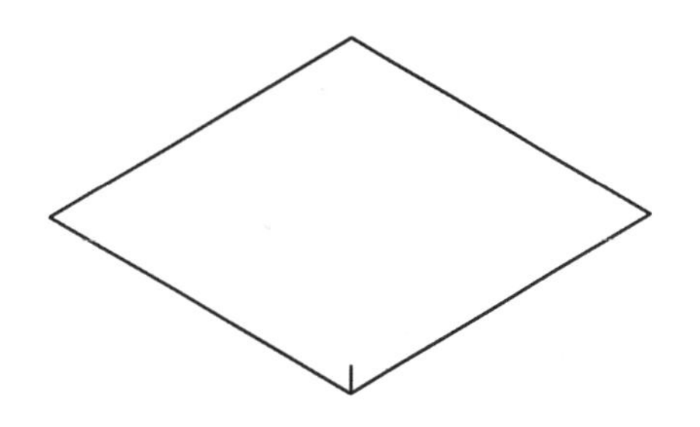

图11-3　绘制的矩形和直线

3）绘制底座侧面。选择“绘图”→“曲面”→“平移曲面”，以矩形为平移对象，以线段作为方向矢量，创建底座侧面，如图11-4所示。

4）将创建的平移曲面转换到“底座侧面”图层，此时，隐藏平移曲面。

5）绘制矩形对角线和以该对角线的中心为圆心的直径$\phi 40$的圆，如图11-5所示。

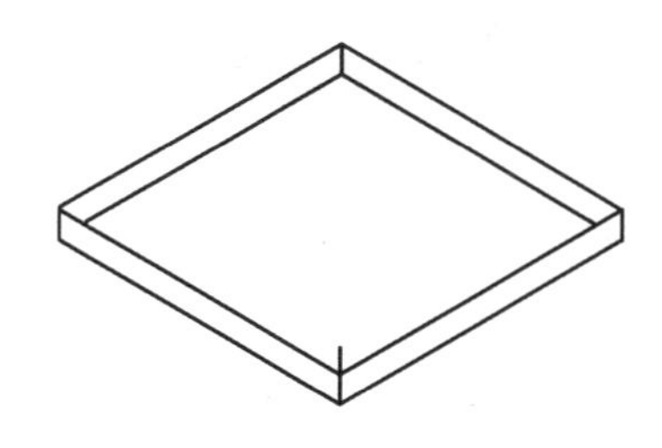

图11-4　创建底座侧面

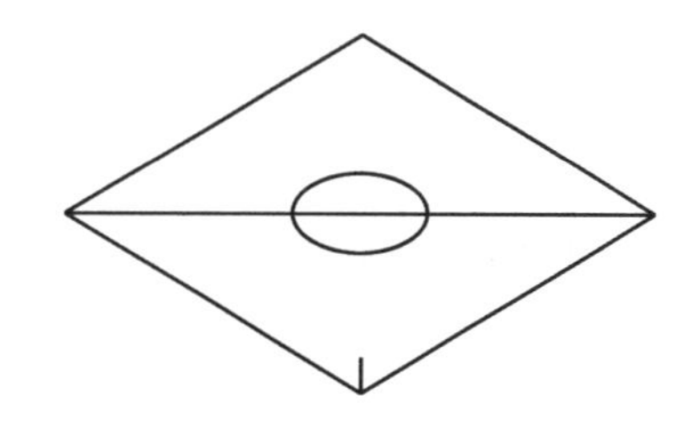

图11-5　绘制矩形对角线和直径$\phi 40$的圆

6）使用修剪命令，进行修剪操作，结果如图11-6所示。

7）使用多段线命令，沿1、2、3点绘制一条多段线。

8）用系统变量SURFTAB1和SURFTAB2，分别设置曲面模型的当前线框密度为30。

9）创建底座的底面模型。选择“曲面”→“边界曲面”，分别以绘制的多段线和图11-6所示的线段和弧线*A*、*B*、*C*作为边界，创建底座的底面边界曲面模型，结果如图11-7所示。

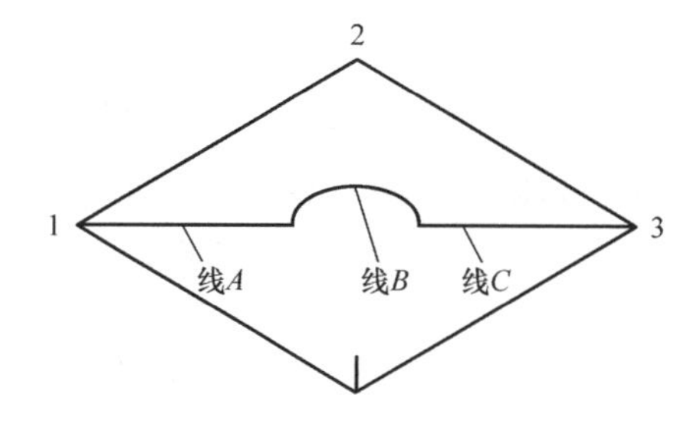

图11-6　修剪结果

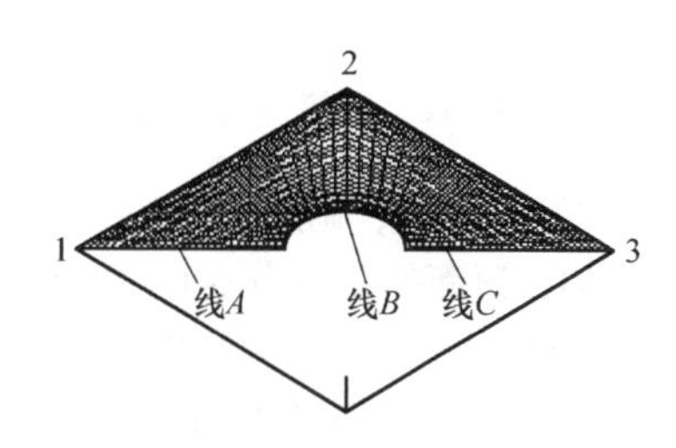

图11-7　底面边界曲面模型

10）镜像命令完成创建的边界曲面，结果如图 11-8 所示。

11）用移动命令将创建的边界曲面模型移动，选择基点为角点，目标点为“@0，0，－10”，结果如图 11-9 所示。

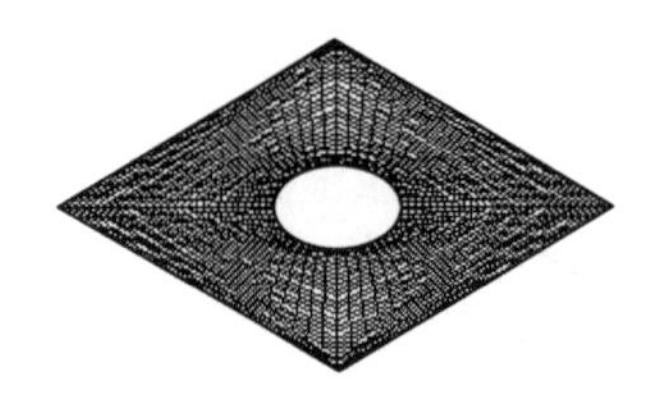

图 11-8　镜像结果

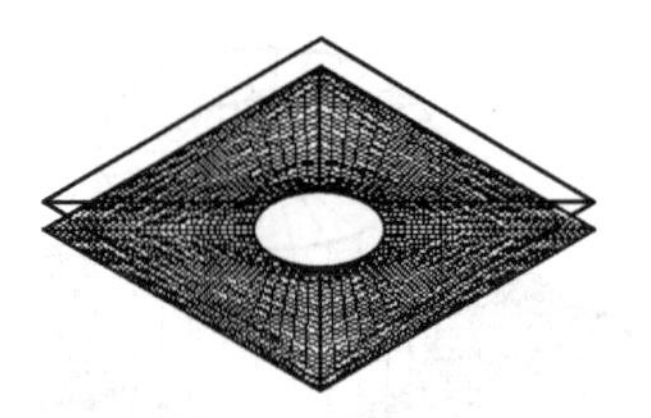

图 11-9　移动结果

12）将底面模型移到“座底面”图层，隐藏底面模型，结果如图 11-6 所示。

13）用缩放命令将直径 $\phi40$ 的圆弧进行缩放，基点为圆心，缩放比例因子为 2，并用修剪命令修剪多余线段，结果如图 11-10 所示。

14）用前面同样的方法，生成底座顶面的边界曲面模型，如图 11-11 所示。

15）将顶面的边界曲面模型放到“座顶面”图层，此时，隐藏边界曲面。

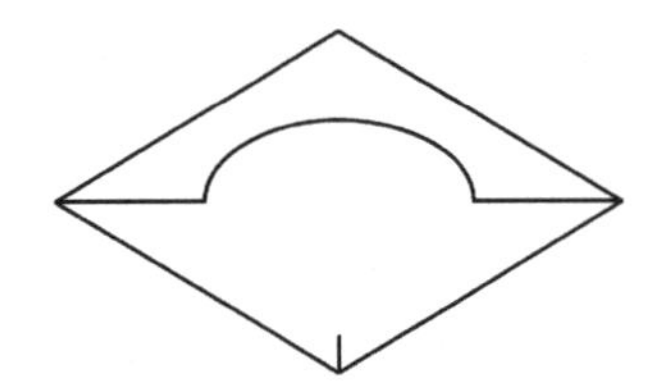

图 11-10　缩放和修剪结果

图 11-11　底座顶面的边界曲面模型

（3）创建圆筒

1）在图 11-10 中，以圆弧的圆心为圆心，绘制直径分别为 $\phi80$ 和 $\phi40$ 的圆，并采用移动命令，将创建的两个圆移动，基点为圆心，目标点为“@0，0，50”，结果如图 11-12 所示。

2）创建圆筒顶面模型，选择“直纹曲面”命令，结果如图 11-13 所示。

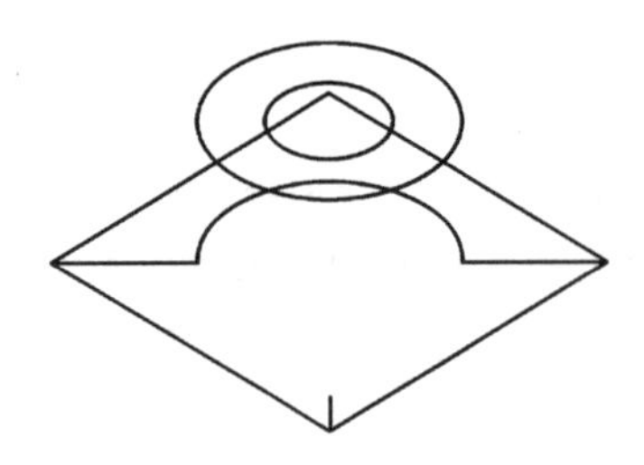

图 11-12　圆筒顶面轮廓

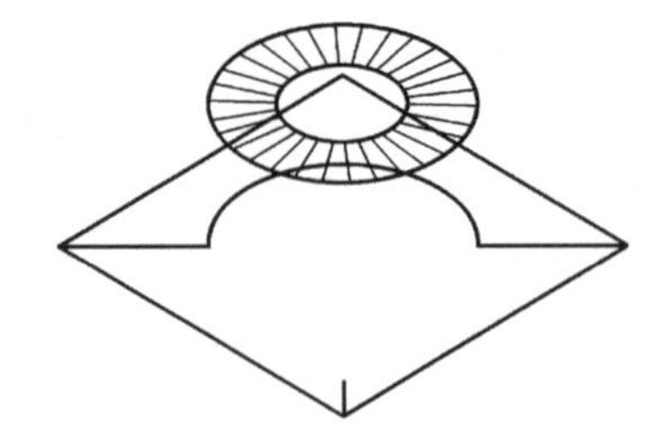

图 11-13　圆筒顶面“直纹曲面”模型

3）创建圆锥曲面，调用“圆锥面”命令，以图 11-13 所示圆弧的圆心为圆心，输入圆锥底面的直径为 $\phi40$，顶面的直径为 $\phi40$，高度为 50，圆锥面曲面的线段数目为 30，完成图形。同样方法绘制直径为 $\phi80$ 的圆锥面，圆筒模型的创建如图 11-14 所示。

（4）图层打开　打开所有图层，结果如图 11-12 所示。

（5）着色处理　选择“带边框平面着色”选项，对底座模型进行着色显示，结果如图 11-15 所示。

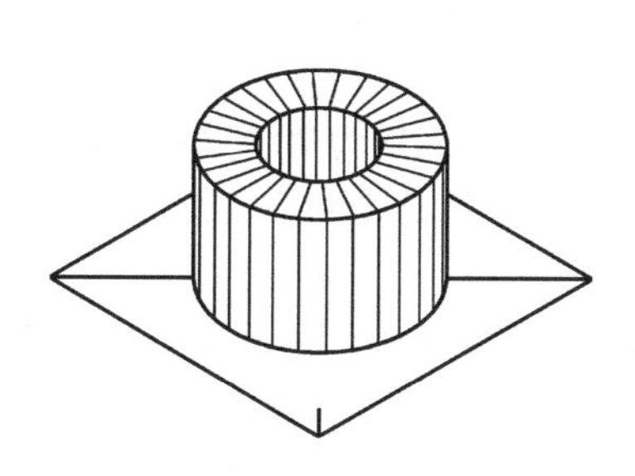

图 11-14　创建的圆筒的圆锥面

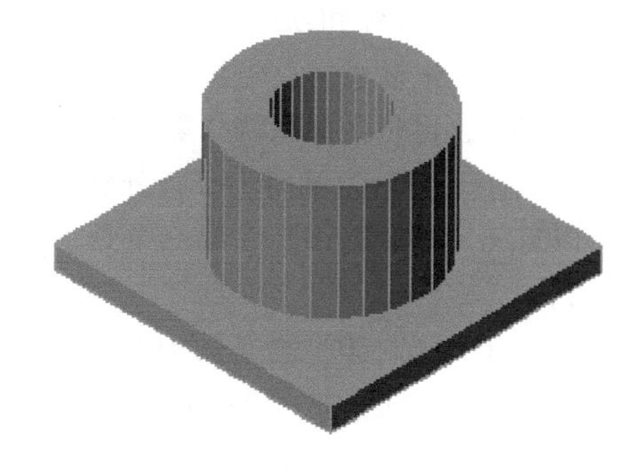

图 11-15　带边框平面着色

3. 创建图 11-16 所示的机件的实体造型，并标注尺寸

（1）设置绘图环境

1）调用一样板，并设置有关图层。

2）设置视图，将视点设置为“西南等轴测图”。

（2）绘制底面长方体

1）选择“矩形”绘图命令，设置矩形的圆角半径为 15，并以（0，0）点为第一角度，点（148，60）为第 2 角点，绘制一个“148×60”的矩形。

2）绘制四个小圆，用“圆”命令，绘制圆心为（15，15），直径 ϕ15 的圆，然后作“阵列”编辑，设置“行”和“列”均为 2，“行偏移”为 30，“列偏移”为 118，然后“选择对象”，单击“确定”按钮，完成阵列。

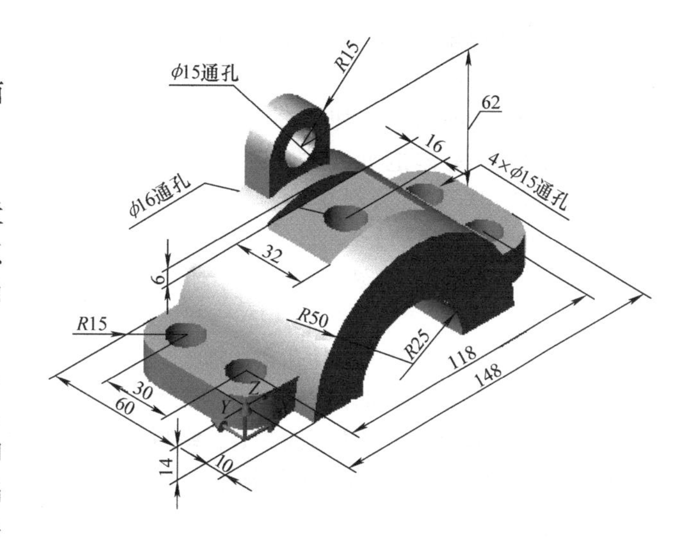

图 11-16　机件的三维图形

3）选择“面域”命令，将绘制的矩形及四个小圆分别转换成面域。

4）选择“差集”布尔运算，使用矩形面域减去 4 个小圆形面域，如图 11-17a 所示。

5）选择实体造型“拉伸”命令，选择做差集运算后的面域，并将其向上拉伸 14，如图 11-17b 所示。

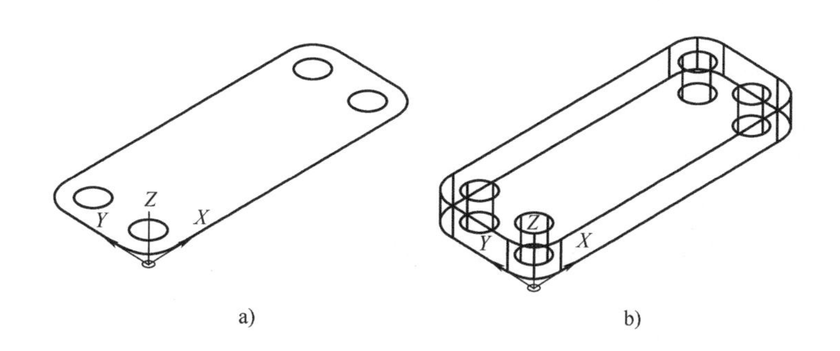

图 11-17　绘制的长方体

a）绘制的面域　b）拉伸形成的长方体

（3）绘制半圆柱体和顶面弓形体

1）新建用户坐标系，首先将坐标系移到矩形后棱线的中点（在“捕捉”工具条中，用中点捕捉工具条按钮），再将坐标系绕 X 轴旋转 90°。

2）以点（0，0）为基面中心，分别绘制一个半径为 50 和 25，高度为 70 的圆柱体。

3）以点（-15，0，0）为第一个角点，点（15，62，12）为第 2 个角点，绘制一个 30×62×12 的长方体。

4）以点（0，62，0）为基面中心，分别绘制直径为 30 和直径为 15，高为 12 的圆柱体。

此时，完成的图形如图 11-18a 所示。

5）将拉伸图形、长方体、半径为 50 和半径为 15 的圆柱体求并集。

6）通过求“差集”命令，将求并集的实体造型减去半径为 25 和直径为 15 的圆柱体。

7）用实体造型的“剖切”命令，选择生成的实体造型，过点（0，0，0）的 ZX 平面为剖切面，剖切实体，并保留上半部分。

此时，完成的图形如图 11-18b 所示。

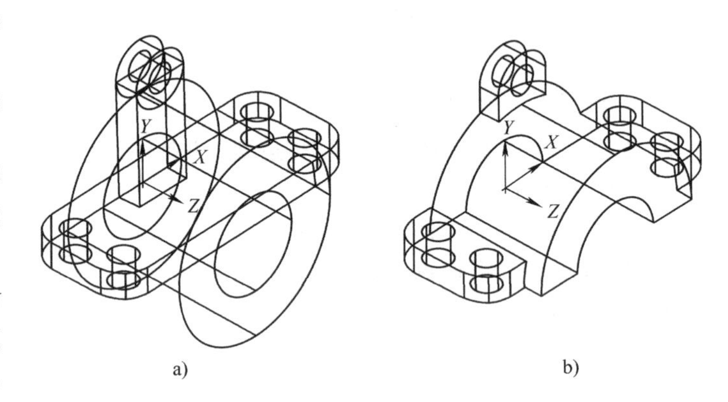

图 11-18　绘制并经过编辑的实体造型

a）绘制的圆柱体、长方体　b）经过编辑的实体造型

（4）绘制半圆体顶部的圆柱孔和切槽

1）用“UCS”命令，将用户坐标系恢复到世界坐标系。

2）以点（74，30，0）为基面中心，绘制一个直径为 16，高为 50 的圆柱体。

3）用“UCS”命令，将用户坐标系移动到刚刚绘制的圆柱体的上底面圆心处。

4）以点（0，0，0）为中心，以点（30，16，-6）为角点，绘制一个长方体，如图 11-19a 所示。

5）选择“差集”命令，将实体造型减去刚刚绘制的圆柱体和长方体，如图 11-19b 所示。

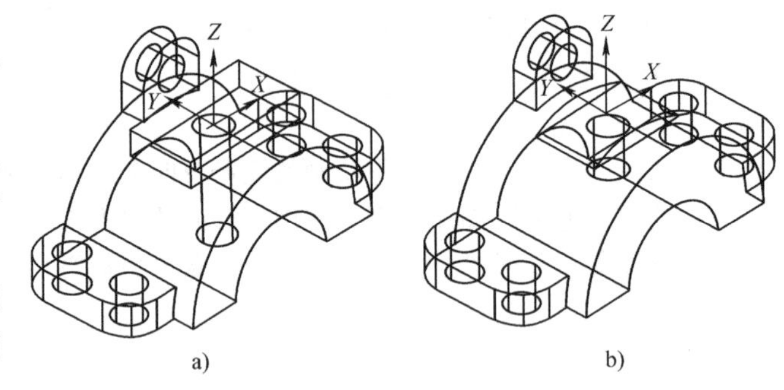

图 11-19　绘制的机件图形（实体造型）

a）绘制的圆柱孔、切槽　b）经过编辑的实体造型

（5）消隐、渲染处理图形

1）将用户坐标系恢复到世界坐标系。

2）经过消隐处理的图形，此时，设置 Isolines（轮廓素线）变量值为 32，Facetres（表面数）变量值为 9，如图 11-20a 所示。

3）经过渲染处理的图形如图 11-20b 所示。

（6）尺寸标注

1）打开名为“尺寸线”的图层。

2）执行命令 Dispslih，将该变量设置为 1，再进行消隐处理（Hide），完成图形，如图 11-21 所示。

3）使用 UCS 命令，将坐标系绕 Z 轴旋转 -90°，标注长度尺寸 10。

4）使用 UCS 命令，将坐标系移到底板上面圆孔的圆心处，标注圆孔中心之间的距离 30 和 118，圆角矩形的长 148 和宽 60。

5）完成“4 × ϕ15 通孔”的标注（注意在完成直径标注后，使用文字编辑命令），完成半径为 *R*15 的尺寸标注。

完成部分尺寸标注的图形，如图 11-22 所示。

6）使用 UCS 命令，将坐标系移动到切槽处圆孔中心，标注圆孔中心到槽边距离 16 和槽宽 32。

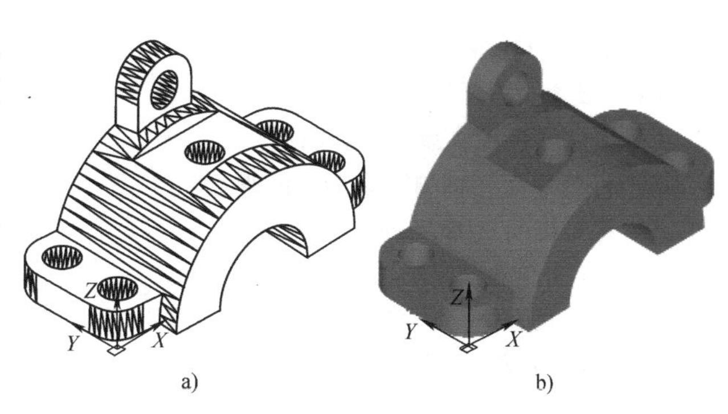

图 11-20　消隐、渲染处理的图形
a）消隐处理　b）渲染处理

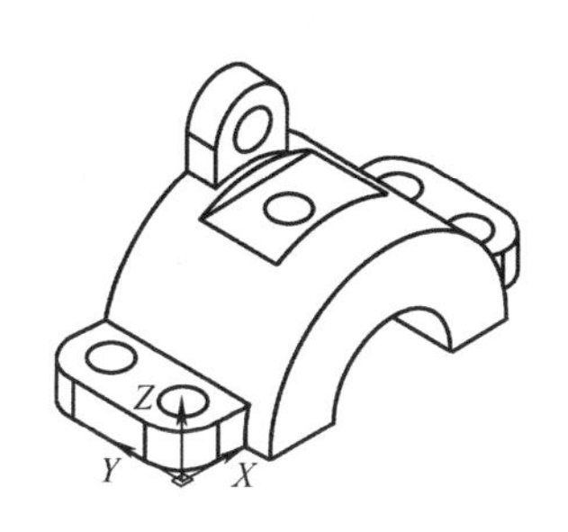

图 11-21　消隐处理的图形

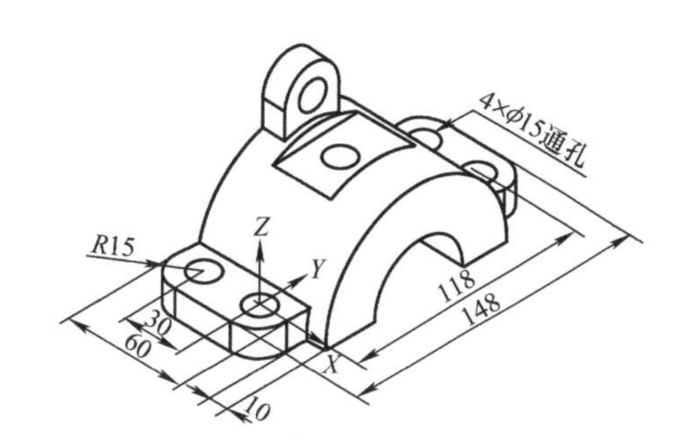

图 11-22　完成部分尺寸标注的图形

7）使用 UCS 命令，将坐标系绕 *Z* 轴旋转 90°，完成“ϕ16 通孔”的尺寸标注（在完成直径标注后，使用文字编辑命令）。

8）使用 UCS 命令，将坐标系绕 *X* 轴旋转 90°，并将 UCS 坐标系移动到切槽一边的中心处。

9）完成切槽深度 6 的标注（可使用中心捕捉功能，捕捉圆弧处的中心点）

完成的部分尺寸标注图形，如图 11-23a 所示。

10）使用 UCS 命令，将坐标系移动到最上面圆孔的中心。

11）标注半径 *R*15 和直径“ϕ15 通孔”尺寸（在完成直径标注后，使用文字编辑命令）。

12）标注圆孔中心高度 62。

13）使用 UCS 命令，将坐标系移动到 *A* 点处，标注底面拉伸长方体的高度。

14）使用 UCS 命令，将坐标系移动到中心圆孔的圆心处，完成半径 *R*25 和 *R*50 的尺寸标注。

完成的图形，如图 11-23b 所示。

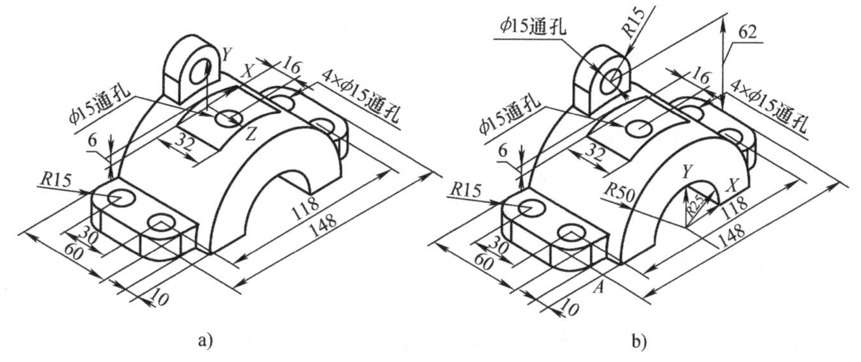

图 11-23　完成的尺寸标注

4. 绘制图 11-24 所示的管接头模型

(1) 设置绘图环境

1) 调用样板图，设置有关图层。

2) 将“西南等轴测”设为当前视点。

3) 将系统变量 Isolines 设置为 20。

(2) 绘制底面长方形法兰盘

1) 绘制长方体，在实体绘图命令中调用“长方体”命令，长方体长度、宽度为 80，高度为 8。以原点作为长方体的中心点，结果如图 11-25 所示。

2) 使用倒圆角命令对长方体的 4 条垂直棱边进行倒圆角，圆角半径为 5，结果如图 11-26 所示。

图 11-24 管接头模型

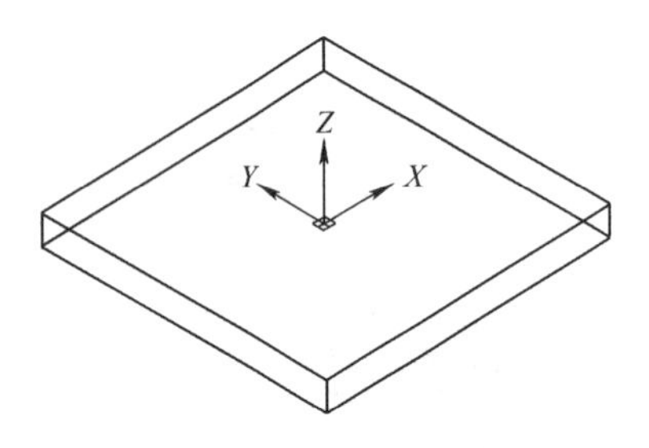

图 11-25 创建的长方体

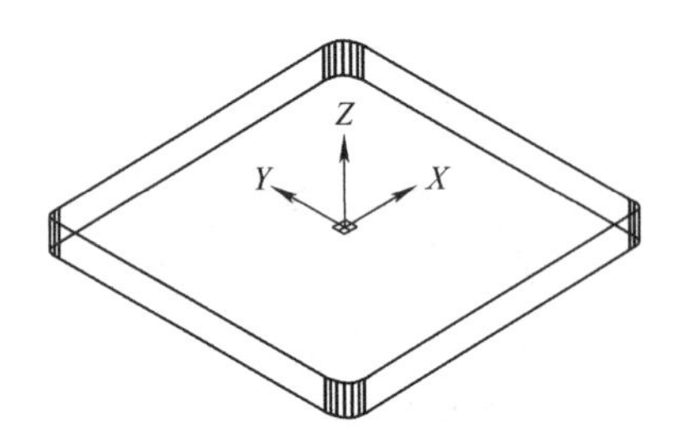

图 11-26 倒圆角结果

3) 绘制圆柱孔，调用“圆柱体”绘制命令，设置圆柱体底面中心坐标为“-30，-30，-4”，直径为 ϕ7，高度为 8，结果如图 11-27 所示。

4) 阵列创建的圆柱体，调用“三维阵列”命令，行数、列数均为 2，行间距和列间距均为 60，结果如图 11-28 所示。

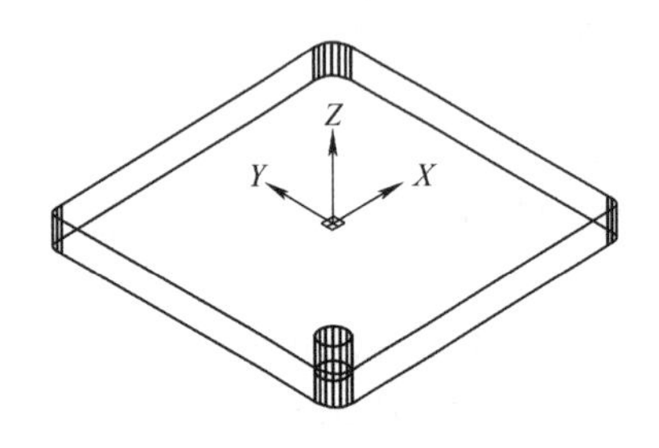

图 11-27 创建的小圆柱体

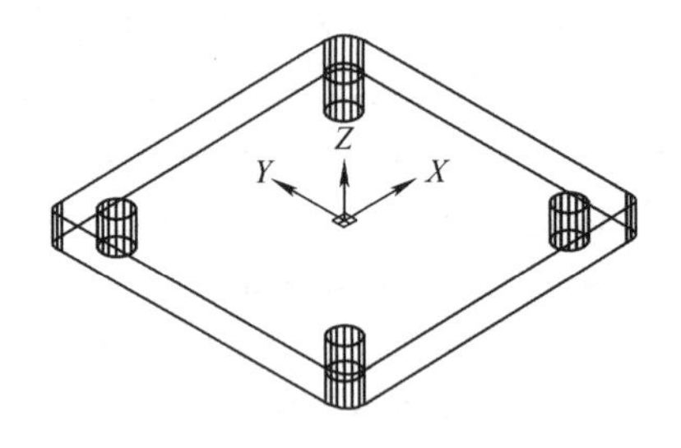

图 11-28 圆柱体阵列

5) 差集编辑，创建底面长方形法兰盘螺栓孔，此时，生成 4 个通孔，并成为一个实体。

(3) 创建管体

1) 调用“圆柱体”命令，绘制同心的直径分别为 ϕ40 和 ϕ28 的两个圆柱体，圆心为“0，0，-4”，高度为 40，结果如图 11-29 所示。

2) 调用“差集”命令，对新创建的两个柱体进行差集，形成通孔；调用“并集”命令，将底板模型与通孔模型合并，形成一个实体，结果如图 11-30 所示。

(4) 创建新的用户坐标系　调用“UCS”命令，选择 M（移动），指定新的坐标原点为“0，0，36”。

(5) 绘制圆柱　第一个圆柱：圆柱底面圆心在原点，直径为 ϕ40，高度为 73；第二圆柱：圆柱底面圆心在原点，直径为 ϕ48，高度为 62；第三个圆柱：直径为 ϕ80，高度为 8，底面圆心为“0，

0，62”；第四个圆柱：直径为 ϕ52，高度为 3，底面圆心为“0，0，70”，结果如图 11-31 所示。

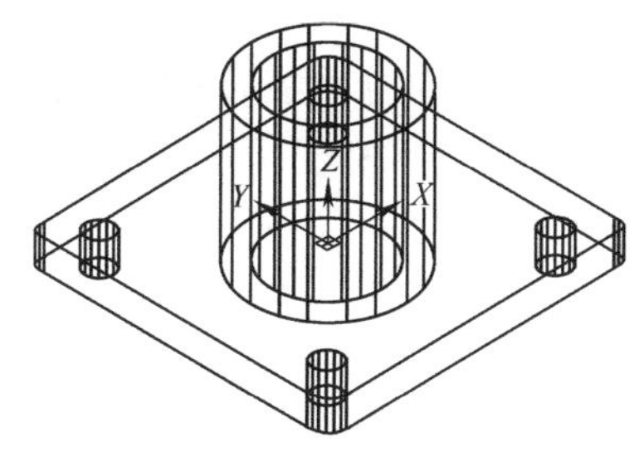

图 11-29　创建的圆柱体

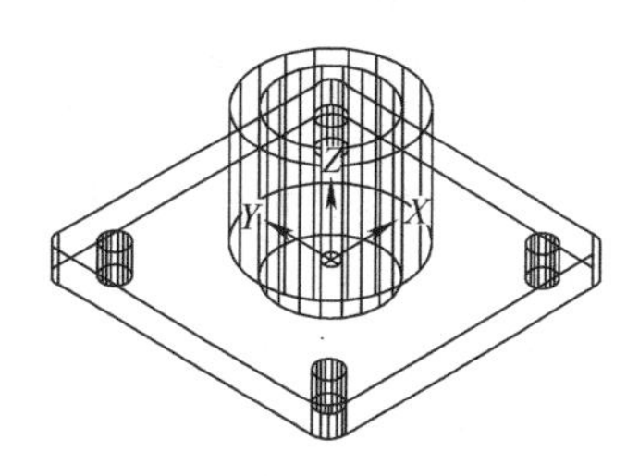

图 11-30　差集和并集的结果

（6）在顶面法兰盘上创建螺栓孔

1）调用“圆柱体”命令，指定圆柱体底面中心为“33，0，62”，直径为 ϕ7，高度为 8，结果如图 11-32 所示。

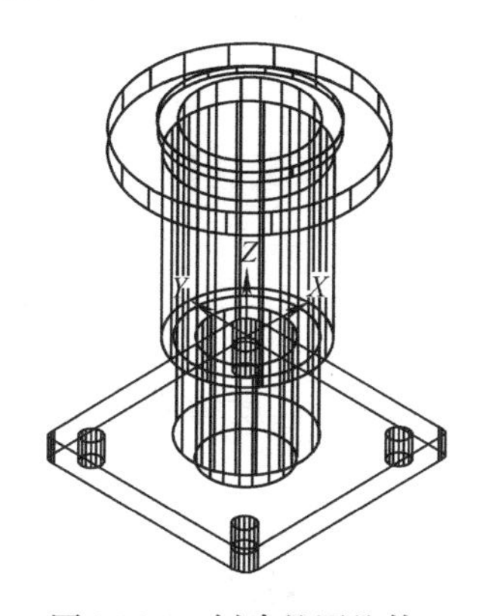

图 11-31　创建的圆柱体

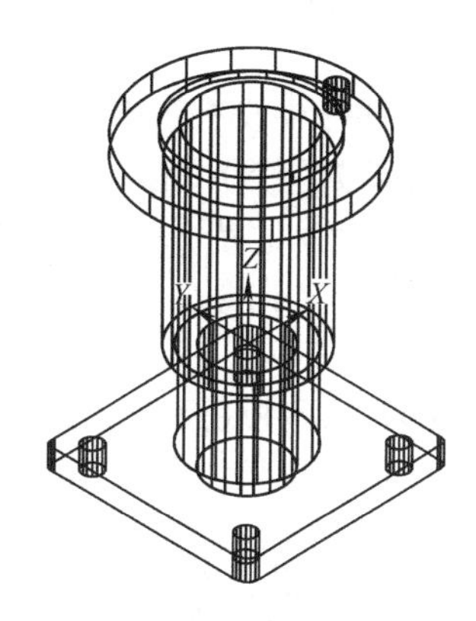

图 11-32　创建的螺栓孔小圆柱体

2）调用“三维阵列”命令，进行环形阵列，阵列数目 4，阵列中心点“0，0，62”，旋转轴上第二点“0，0，70”，结果如图 11-33 所示。

（7）进行“差集”编辑操作，形成通孔　选择要从中减去的圆柱为：

高度为 62 的圆柱体，高度为 8 的圆柱体，高度为 3 的圆柱体。

选择要减去的圆柱体为：

选择高度为 73 的圆柱体，4 个直径为 ϕ7 的小圆柱体。

（8）视图消隐后图形显示（见图 11-34）。

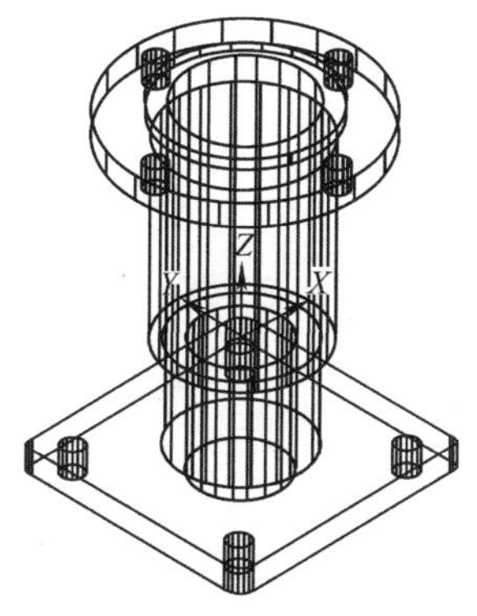

图 11-33　环形阵列结果

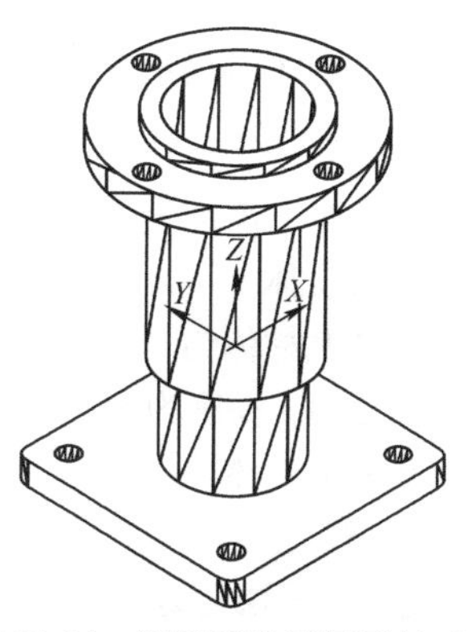

图 11-34　视图消隐后图形显示

(9) 选择“放弃”命令，返回到原来的显示状态

(10) 绘制侧面圆管

1) 调用“圆柱体”命令，以当前坐标系的原点为底面圆心，创建直径为 ϕ40，高度为 100 的圆柱体。

2) 调用 UCS 命令，创建新的用户坐标系，以下为操作过程。

命令：ucs

当前 UCS 名称：*世界*

输入选项 [新建 (N) /移动 (M) /正交 (G) /上一个 (P) /恢复 (R) /保存 (S) /删除 (D) /应用 (A) /? /世界 (W)] 〈世界〉：n↓ (新建用户坐标系)

指定新 UCS 的原点或 [Z 轴 (ZA) /三点 (3) /对象 (OB) /面 (F) /视图 (V) /X/Y/Z] 〈0, 0, 0〉：x↓ (绕 X 轴旋转)

指定绕 X 轴的旋转角度〈90〉：↓ (绕 X 轴旋转 90°)

命令：↓ (重复执行 UCS 命令)

UCS

当前 UCS 名称：*没有名称*

输入选项 [新建 (N) /移动 (M) /正交 (G) /上一个 (P) /恢复 (R) /保存 (S) /删除 (D) /应用 (A) /? /世界 (W)] 〈世界〉：m↓ (移动坐标系)

指定新原点或 [Z 向深度 (Z)] 〈0, 0, 0〉：0, 31, 0↓

结果如图 11-35 所示。

3) 绘制圆柱，圆柱底面圆心在原点，第一个圆柱：直径为 ϕ40，高度为 45；第二圆柱：直径为 ϕ30，高度为 45，结果如图 11-36 所示。

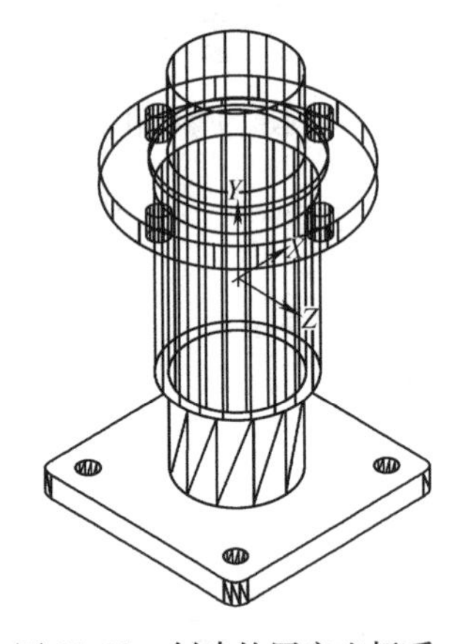

图 11-35　创建的用户坐标系

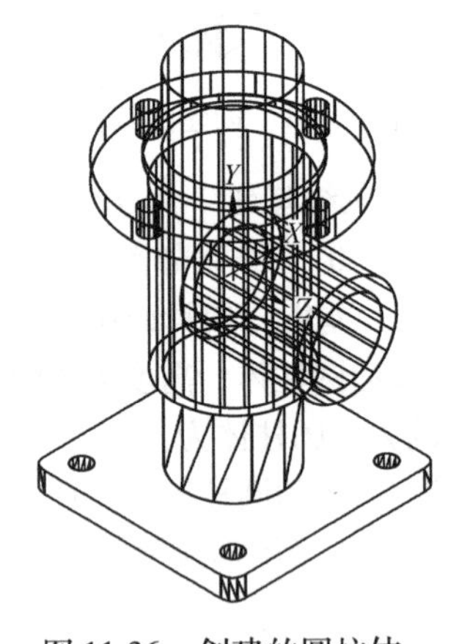

图 11-36　创建的圆柱体

4) 调用“差集”命令。选择要从中减去的圆柱为：

底面直径为 ϕ40，高度为 45 的圆柱体

上端接头组合实体。

选择要减去的圆柱体为：

底面直径为 ϕ30，高度为 45 圆柱体

高度为 100 的圆柱体。

结果如图 11-37 所示。

(11) 绘制侧面管法兰盘

1) 新建用户坐标系，调用“UCS”命令，以下为操作过程。

命令：ucs

当前 UCS 名称：＊没有名称＊

输入选项［新建（N）/移动（M）/正交（G）/上一个（P）/恢复（R）/保存（S）/删除（D）/应用（A）/？/世界（W）］〈世界〉：m↓

指定新原点或［Z 向深度（Z）］〈0，0，0〉：0，0，45↓

结果如图 11-38 所示。

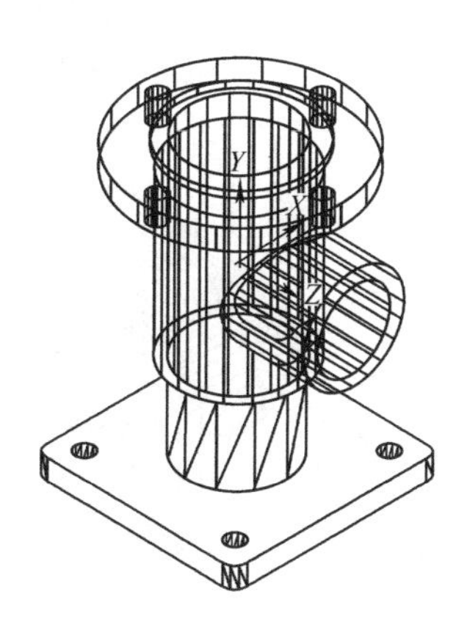

图 11-37　差集操作结果

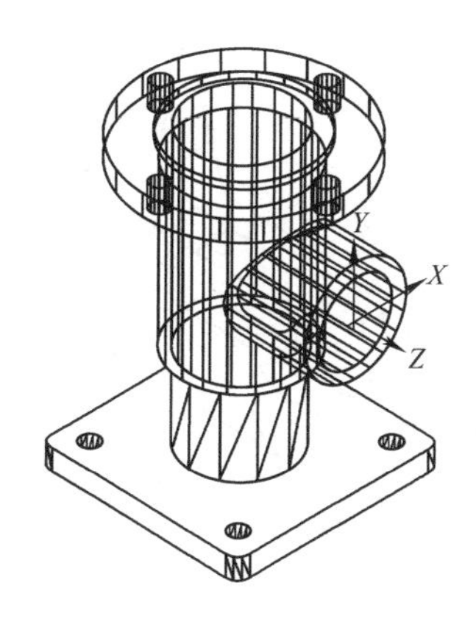

图 11-38　创建的用户坐标系

2）对当前实体进行“体着色”显示。

3）分别绘制圆心在原点、直径为 ϕ50 的圆，圆心在原点、直径为 ϕ30 的圆，圆心在“35，0，0”、直径为 ϕ24 的圆，圆心在“35，0，0”、直径为 ϕ13 的圆，圆心在“－35，0，0”、直径为 ϕ24 的圆，圆心在“－35，0，0”、直径为 ϕ13 的圆，结果如图 11-39 所示。

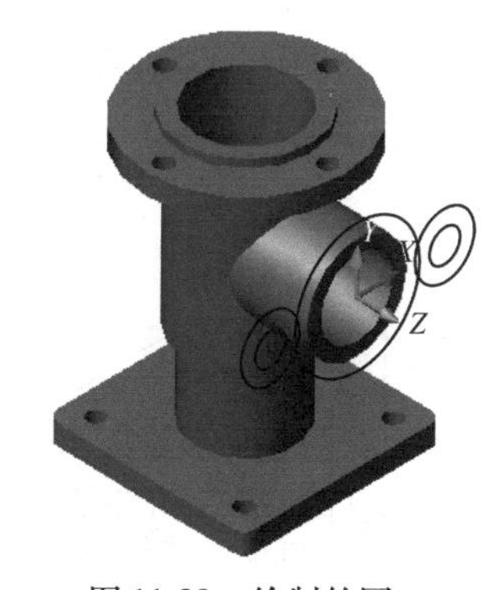

图 11-39　绘制的圆

4）调用直线命令，绘制 4 条公切线，注意采用切点捕捉功能和三维动态观察等辅助功能。

5）调用修剪命令，进行边界修剪。

6）调用面域造型（region）命令，生成面域，并采用“差集”命令，进行编辑，结果如图 11-40 所示。

7）调用“拉伸”命令，拉伸高度为 8，结果如图 11-41 所示。

（12）调用“并集”命令，将模型生成一个实体

图 11-40　绘制的椭圆形并进行面域编辑的结果

图 11-41　完成的椭圆形拉伸结果

三、作图练习

1）绘制图 11-42 所示的机件三维图形 1。

2）绘制图 11-43 所示的机件三维图形 2。

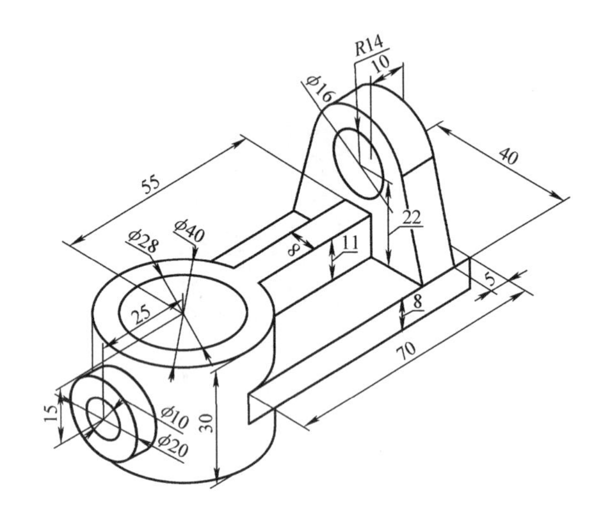

图 11-42　机件三维图形 1

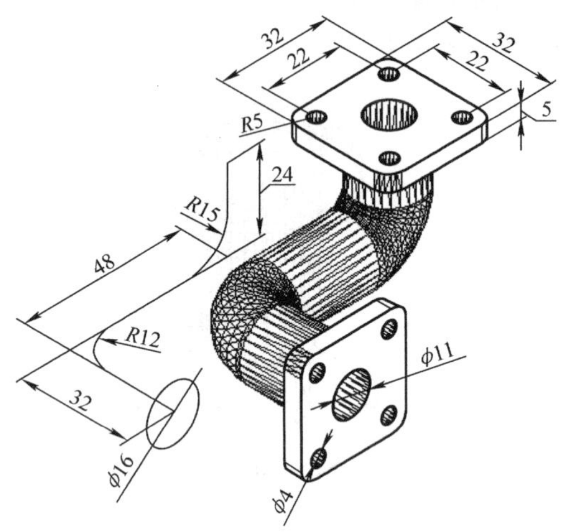

图 11-43　机件三维图形 2

3）绘制图 11-44 所示的机件三维图形 3。

4）绘制图 11-45 所示的机件三维图形 4。

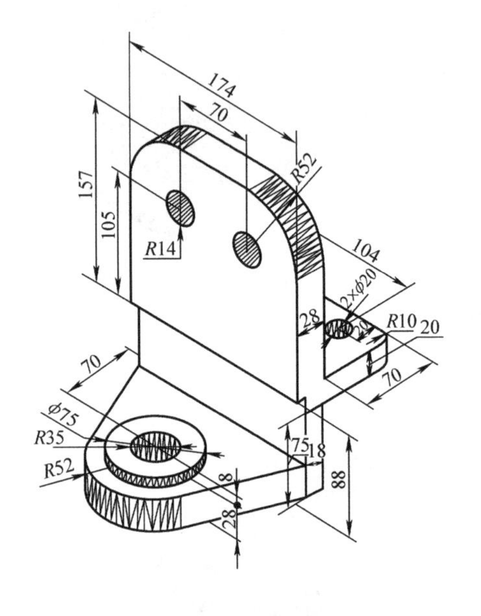

图 11-44　机件三维图形 3

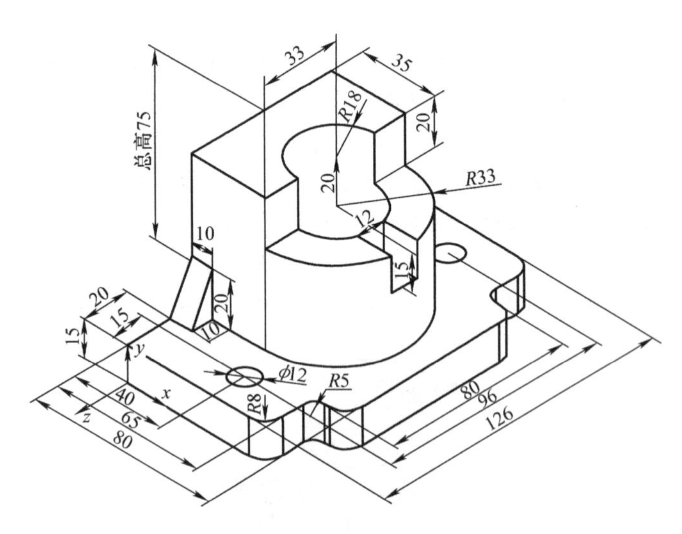

图 11-45　机件三维图形 4

5）绘制图 11-46 所示的机件三维图形 5。

6）绘制图 11-47 所示的机件三维图形 6。

7）绘制图 11-48 所示的机件三维图形 7。

8）绘制图 11-49 所示的机件三维图形 8。

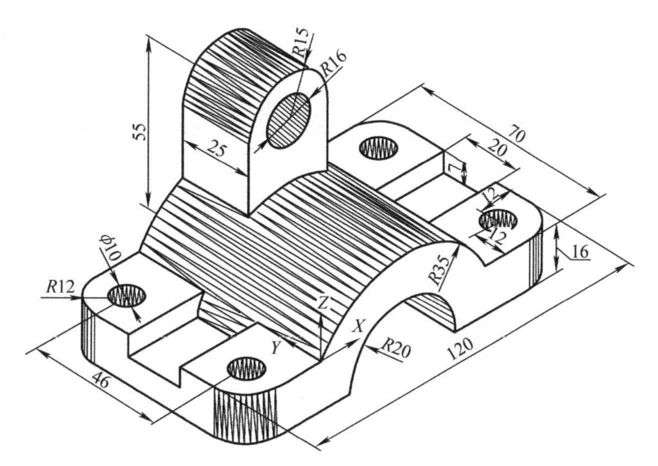

图 11-46　机件三维图形 5

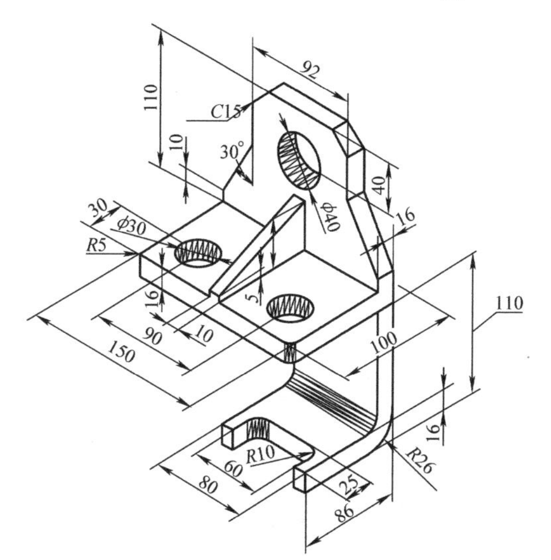

图 11-47　机件三维图形 6

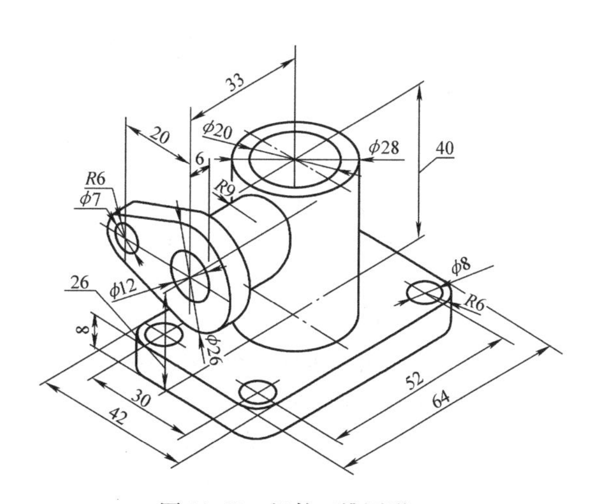

图 11-48　机件三维图形 7

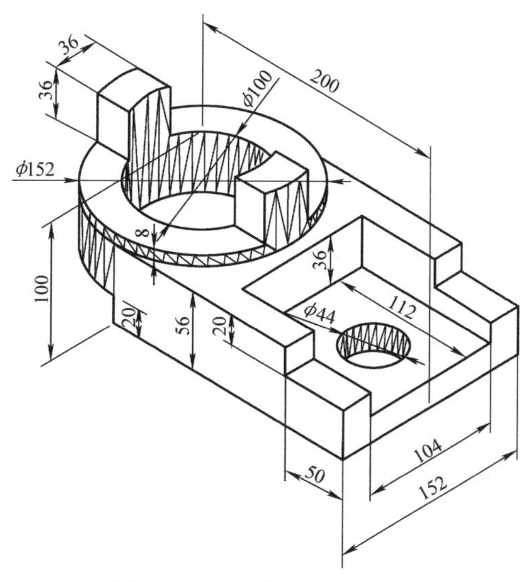

图 11-49　机件三维图形 8

课题十二　图形输出操作

一、目的

1）掌握图形输出设备的配置与管理的方法。
2）掌握绘图空间的应用及图纸布局的方法。
3）掌握图形布局及页面设置。
4）掌握图层状态与图形输出的关系。
5）掌握视口的使用。
6）掌握图形的输入与输出。
7）掌握图纸集的使用与管理。
8）掌握模型空间和图纸空间的图形输出打印。

二、内容

1. 准备工作
1）将绘图机与计算机的连接线插好。
2）开启计算机，并打开已绘制的图形文件。
3）开启绘图机开关，进入输入介质状态。
4）安装好绘图纸。
5）确认绘图机是否处于准备绘图状态。
2. 在模型空间中出图
调出打印命令（Plot），在弹出的“打印-模型”对话框中，完成以下设置。
1）选择或设置打印页面名称。
2）选择配置打印机或绘图机
3）选择打印样式表（即绘图笔的配置）。
4）着色视口出图质量设置。
5）设置图纸幅面的大小及单位。
6）设置打印区域。
7）设置打印偏移。
8）设置打印比例。
9）打印选项设置。
10）设置出图方向。
11）设置图形在图纸的位置。
12）设置打印选项，例如，是否按后台打印、打印对象宽度、按样式打印、最后打印图纸空间、隐藏图纸空间对象、打开打印戳记、将修改保存到布局等复选按钮。
13）出图预览。当完成设置后，单击“确定”按钮，完成绘图机或打印机出图。
3. 在布局（图纸空间）中出图
在打印图纸时，很多情况下需要在一张图纸中输出图形的多个视图、添加标题块、尺寸标注、文字注释等，或输出多张表达内容不同的图样，这就要使用图纸空间。图纸空间是完全模拟图纸页面的一种工具，用于在绘图之前或之后安排图形的输出布局。

从 AutoCAD 2004 版本以后，系统的布局功能比较完善，从布局出图可以解决采用较大比例时，尺寸标注和文字注写出现不合适的问题。同时，图形在模型空间中的一个表达方案，可以在不同的布局中生成多种表达方案，输出不同用途的图样。在布局中，可以插入标题栏、图框线和边框线组成的块，并且在图纸空间中进行的尺寸标注和文字注写等操作的结果，在模型空间中不显示。

在 AutoCAD 系统中，可以创建多种布局，每个布局都代表一张单独的打印输出图纸。创建新布局后，就可以在布局中创建浮动视口。视口中的各个视图可以使用不同的打印比例，并能够控制视口中图层的可见性。

建立一个视口图层，用于插入视口使用。当在布局中冻结某一图层时，仅对在布局中，在该图层上的操作结果有效。插入的视口是一个实体，可以进行有关编辑操作。

有多种方法创建布局：

1）使用“布局向导”命令创建一个新布局。

2）使用“来自样板”命令，根据现有布局样板创建一个新布局。

3）通过“新建布局”命令创建一个新布局。

4）通过设计中心从已有的图形文件中把设置好的布局复制到当前图形文件中。

（1）使用“新建布局”建立布局　当使用“新建布局”命令建立布局时，在状态栏上生成一个新的“布局”按钮。单击该按钮后，弹出“页面设置管理器”和“页面设置”对话框。通过对话框操作，完成页面的各项设置。一般使用“新建布局”建立布局时，都要进行页面设置。

（2）使用“来自样板”建立布局　当使用“来自样板”命令建立布局时，此时弹出“从文件选择样板”对话框。在该对话框中的文件类型选择列表框中，可选择建立布局的文件类型，如后缀为 . dwg 或 . dwt 的文件。当选择文件名为“图 7-6C”的文件（该文件已设置好布局）后，对话框形式如图 12-1 所示。

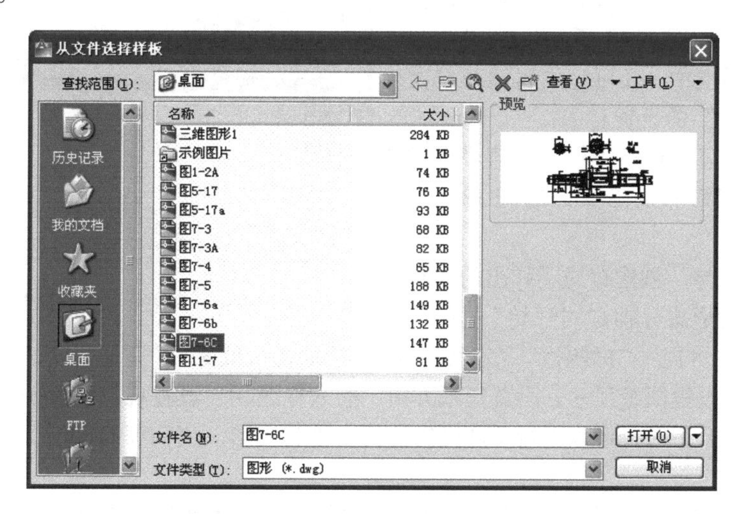

图 12-1　“从文件选择样板”对话框

当单击“打开”按钮后，弹出“插入布局”对话框，如图 12-2 所示。在该对话框中，选择布局并单击“确定”按钮，此时，一个新的布局插入到当前图形文件中。

此时，插入所选择样板图（图形文件）的布局，如图 12-3 所示。

在该布局中，图形的显示可能不太合适，即图形显示比例不合适或部分图形没有显示出来。此时，可以选择视口边界实体删除视口，通过“视口”工具条重新设置视口边界生成一个视口，也可以通过该工具条生成不同显示比例的视口。在该图形中，原视口比例为按视图缩放，即为 2. 19772:1，选择该视口实体，通过“视口”对话框，重新选择设置出图形显示比例为2:1，并将布局转换为模型空间，采用平移命令移动图形到合适位置。此时，以样板图的布局形式作为当前图形文件的布局。当需要打印时，只需在该页面中调用打印命令即可。

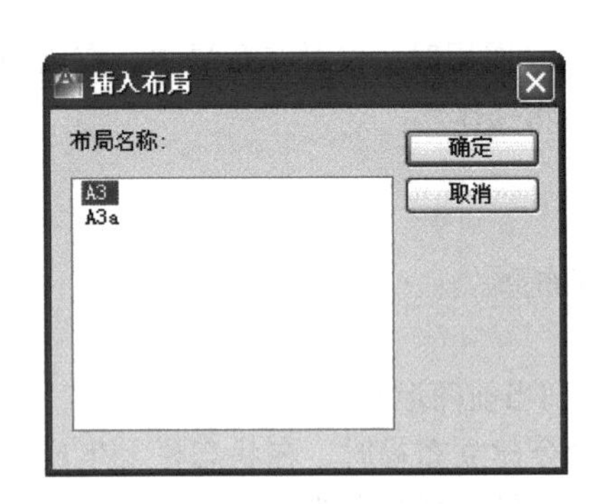

图 12-2 “插入布局”对话框

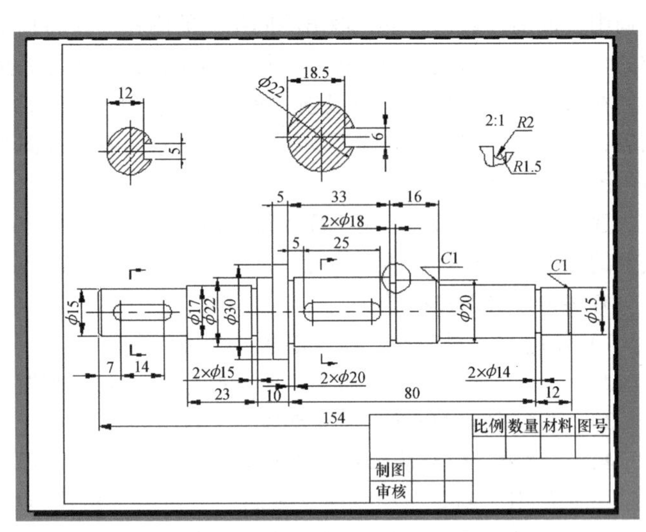

图 12-3 插入所选择样板图（图形文件）的布局

在该布局中的标题栏是带属性的块，可通过“增强属性编辑器”对话框进行修改（可通过双击该块或在“修改”下拉菜单中，选择“对象”→“属性”→“单个”并选择块，调用该对话框）。在“属性”选项卡中对各属性值进行设置或修改，如图 12-4 所示。在“增强属性编辑器”对话框中，还可完成属性的“文字选项”和“特性”的设置。

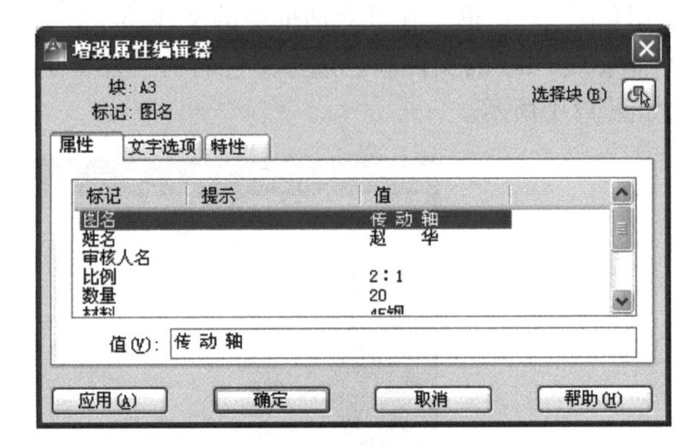

图 12-4 “增强属性编辑器”对话框

完成图形放置显示和标题栏属性值设置或修改后，传动轴图形布局形式，如图 12-5 所示。

（3）采用“向导”创建布局　弹出的“创建布局”对话框的形式分别有“开始”“打印机”“图纸尺寸”“方向”“标题栏”“定义视口”“拾取视口位置”“完成”等，可以完成命名新布局、设置打印机、设置图纸尺寸、设置图纸方向、插入标题栏、设置视口以及确定视口的位置等设置。当图形显示不合适时，可以进行重新设置比例及平移图形。当需要打印时，只需在该页面中调用打印命令即可。

在弹出的“创建布局-标题栏”对话框中创建标题栏时，在默认的文件夹中并不存在用户自己设定的标题栏。用户可以通过创建带属性的块的方法创建，然后用块存盘（Wblock）命令写入到存储样板图文件的路径下，路径为：C：“\ Documents and Settings \ THINKLAD

\ Local Settings \ Application Data \ Autodesk \ AutoCAD 2012 – Simplified Chinese \ R18. 2

\ chs \ Template \ A3. dwg”，其中“THINKLAD”是当前 Windows 的登录用户名。

在完成布局设置后，有时会发现图框线没有完全处于布局图纸中，即设置的图框线不能全部输出打印，这是因为图框和布局图纸的大小完全一样，布局图纸上的虚线框表示可打印区域，因此需要将图框调整缩放到虚线框内，以保证全部图框线的打印。

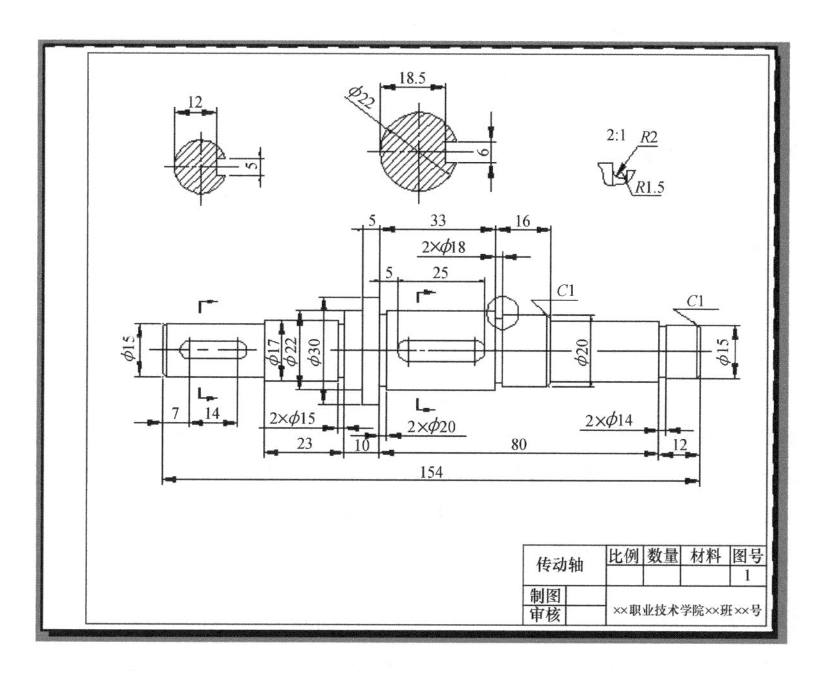

图 12-5　传动轴图形布局形式

（4）管理布局　在生成的“布局”选项卡上单击鼠标右键，此时弹出一右键快捷菜单。通过该快捷菜单中的选项，可以对布局进行删除、新建、重命名、移动或复制等管理。

（5）使用浮动视口　在构造布局时，可以将浮动视口视为图纸空间的图形对象，并对其进行移动和调整。浮动视口可以相互重叠或分离。

1）删除、新建和编辑浮动视口。在布局中，可将生成的浮动视口删除，即选择浮动视口边界后，采用删除命令（或单击 Delete 键），完成删除。

当删除浮动视口后，可使用下拉菜单“视图→视口→光标菜单”或“视口”工具条，完成新浮动视口的创建。相对于图纸空间而言，浮动视口和一般的图形对象没有什么区别。每个浮动视口均被绘制在当前层上，且采用当前层的颜色和线型。因此，可用通常的图形编辑方法来编辑浮动视口。

2）调整图纸空间浮动视口的比例。如果布局图中使用了多个浮动视口，就可为这些视口中的视图建立不相同的缩放比例，并使之符合比例标准。

3）控制浮动视口中对象的可见性。在浮动视口中，可以使用多种方法来控制对象的可见性，如消隐视口中的线条，打开或关闭浮动视口等。利用这些方法可以限制图形的重生成，突出显示或隐藏图形中的不同元素。

如果图形中包括三维面、网格、拉伸对象、表面或实体，打印时可以删除选定视口中的隐藏线。视口对象的隐藏打印特性只影响打印输出，而不影响屏幕显示。打印布局时，在“页面设置”对话框中选中“隐藏图纸空间对象”复选框，可以只消隐图纸空间的几何图形。

在浮动视口中，利用“图层管理器”对话框可以在一个浮动视口中冻结/解冻某层，而不影响其他视口，使用该方法可以在图纸空间中输出对象的多视图。

4）将图形对象转换为视口。在布局中的图纸空间，绘制一个封闭的图形对象（如圆、封闭多边形等），可将其转换为视口，即在“视口”工具条中，单击“将对象转换为视口”图标，选择绘制的封闭图形，结果将该封闭图形对象转换为视口。

5）视口内的图形移动。在生成视口后，有时部分图形没有显示在视口中或有时需要将图形的一部分显示在视口中进行放大处理，此时，可以在布局中将空间转换为模型空间，然后用“实时平移”命令移动图形对象，得到不同的图形输出。

（6）页面设置　在图形布局时，对页面进行设置或修改页面设置并可保存页面设置，以应用到当前布局或其他布局中，得到所需的打印环境。

通过命令（Pagesetup）、下拉菜单（文件→页面设置管理器…）或快捷菜单（在布局管理快捷菜单中选择“页面设置管理器”选项）等方式调用该命令。

4. 图形打印输出（Plot）

该命令用于设置出图参数及控制出图设备，并使用当前图形输出设备输出图形。

当调用“打印（Plot）”命令后，弹出标题为“打印－模型”或“打印－XXX（布局名）”对话框，在模型中打印和在布局中打印的对话框形式和内容基本相同。

在布局中打印出图比在模型空间中打印出图方便许多，这是因为布局的过程实际上是一个打印排版的过程，在创建布局时，很多打印时需要的设置（如打印设备、图纸尺寸、打印方向、出图比例等）都已预先设定好了，在打印时就不需要再进行设置了。

打印对话框与页面设置对话框基本相同。

三、出图练习

将各课题中的图形，根据图形大小采用适当比例和图纸幅面，设置布局并插入标题栏出图。

课题十三　命令组文件和幻灯文件的制作操作

一、目的

1）掌握命令组文件的编制及调用方法。

2）掌握幻灯片的制作方法和步骤

3）掌握幻灯文件的编制方法和步骤。

4）掌握使用幻灯片文件时的一些规定。

二、内容

1. 启动计算机并进入 AutoCAD 系统

2. 编写 A3 图幅边框的命令文件

（1）设置文件名 A3. SCR

LINE□0，0□420，0□420，297□0，297□C↓

PLINE□10，10□W□0. 7□0. 7□410，10□410，287□10，287□C↓

LIMITS□0，0□420，297↓

ZOOM□A↓

（2）存盘，退出

3. 制作酒杯图形

（1）调用图框 A3. SCR 命令组文件

Command：SCRIPT↓

在对话框中，选取 A3. SCR 文件。

（2）绘制母线　用 Pline 命令绘出图 13-1 所示的酒杯母线。

（3）绘制旋转轴　用 Line 命令绘制酒杯母线的旋转轴线（见图 13-1）。

（4）旋转成形

1）用 Revsurf 命令将母线绕旋转轴线旋转 360°。

2）用 Erase 命令删除旋转轴线。

（5）设置坐标平面和观察点

1）用 Ucs 命令将坐标原点设在基点（100，100，0）上。

2）用 Ucs 命令将图形绕 *X* 轴旋转 –90°。

3）用 Plan 命令将立体透视图转成平面视图。

4）用 Vpoint 命令设置新的视点（–1，–1，1）。

5）用 Hide 命令消隐。

（6）设置三种不同位置的形体图形

1）将图形赋名 V1 存盘，如图 13-2 所示。

2）用 Rotate 命令将 V1 图形沿点（160，100）倾斜 –30°，并赋名 V2 存盘，如图 13-3 所示。

3）再将 V2 图形倾斜 –60°，并赋名 V3 存盘，如图 13-4 所示。

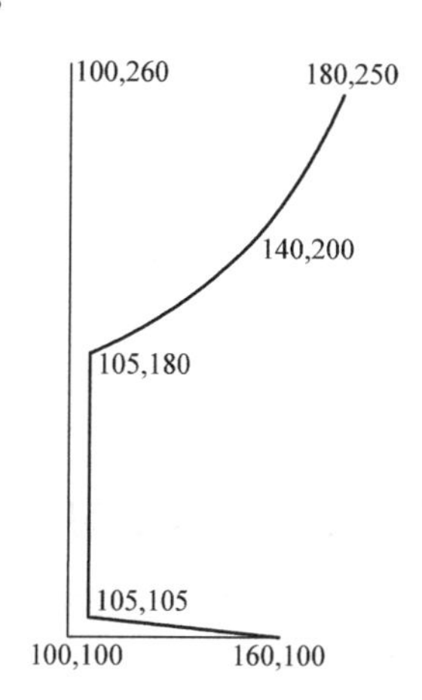

图 13-1　酒杯母线

图 13-2　正立酒杯

图 13-3　倾斜－30°酒杯

图 13-4　倾斜－60°酒杯

4. 制作幻灯片

（1）制作幻灯片 V1　调入图形 V1。

Command：MSLIDE↓

在 Create Slide file 对话框中输入文件名 V1，并单击“OK”按钮，生成幻灯文件。

（2）制作幻灯片 V2　过程略。

（3）制作幻灯片 V3　过程略。

5. 建立幻灯片组文件

（1）设置文件名 VJ＊. SLD

VSLIDE□V1↓

VSLIDE□＊V2↓XVI

DELAY□2012↓

VSLIDE□V2↓

VSLIDE□＊V3↓XVI

DELAY□2012↓

VSLIDE□V3↓

VSLIDE□＊V1↓XVI

DELAY□2012↓

RSCRIPT

（2）存盘，退出　过程略。

6. 观看幻灯片

Command：SCRIRT↓

（1）在话框中，选取 VJ. SLD 文件　过程略。

（2）结束观看

三、作业练习

1）观看虎钳装配过程。将虎钳装配过程制作几个幻灯片，编辑制作为幻灯片文件，然后观看插入过程。

2）观看在课题十一中绘制管接头实体造型（见图 11-24）的绘图过程。将绘制管接头实体造型的绘图过程编辑制作为幻灯片文件，然后观看绘图过程。

课题十四　菜单文件的编制操作

一、目的

1）熟悉菜单文件的格式和结构特点。

2）熟悉菜单文件有关字符的特定含义。

3）掌握菜单项的编写方法。

4）掌握菜单文件的编写方法。

5）掌握菜单文件的装入及调用的有关命令的操作方法。

6）熟悉利用菜单文件扩充开发 AutoCAD 的功能。

二、内容

1. 编写有装订边的标准图幅菜单项

（1）编写 A0 图幅的菜单项

［A0］^C^CLINE；0，0；1189，0；1189，841；0，841；C；PLINE；25，10；W；0.7；0.7；1179，10；+1179，831；25，831；C；ZOOM；A

（2）编写 A1 图幅的菜单项

［A1］^C^CLINE；0，0；841，0；841，594；0，594；C；PLINE；25，10；W；0.7；0.7；831，10；+831，584；25，584；C；ZOOM；A

（3）编写 A2 图幅的菜单项

［A2］^C^CLINE；0，0；594，0；594，420；0，420；C；PLINE；25，10；W；0.7；0.7；584，10；+584，410；25，410；C；ZOOM；A

（4）编写 A3 图幅的菜单项

［A3］^C^CLINE；0，0；420，0；420，297；0，297；C；PLINE；25，5；W；0.7；0.7；415，5；415，292；+25，292；C；ZOOM；A

（5）编写 A4 图幅的菜单项

［A4］^C^CLINE；0，0；210，0；210，297；0，297；C；PLINE；25，5；W；0.7；0.7；205，5；205，292；+25，292；C；ZOOM；A

2. 启动，进入 AutoCAD 绘图编辑状态

（1）查看屏幕菜单结构

（2）确定标准图幅菜单 IA 放置位置

HELP

（←置入此空缺行）

LAST

（3）退出 AutoCAD 状态　过程略。

3. 在屏幕菜单中编入标准图幅菜单 IA

（1）打开菜单文件的 SUPPORT 子目录区　在＊＊＊SCREEN 屏幕菜单区内寻找［HELP］和［LAST］之间的空缺行。

.

.

[HELP]

(空缺行)

[LAST]

.

.

(2) 置入标准图幅子菜单标题及有关表达式

.

[HELP]

[IA] $ S = XⅧ $ S = A (←置入的内容)

[LAST]

.

.

(3) 编写 A0 ~ A4 子菜单文件　在子菜单区内寻找大间隔空缺行，置入以下文件内容：

* * A3

[AA] $ S = X $ S = A

[A0] _ ^C^C_ LINE; 0, 0; 1189, 0; 1189, 841; 0, 841; C; PLINE; 25, 10; W; 0.7; 0.7; +1179, 10; 1179, 831; 25, 831; C; ZOOM; A; $ S = X $ S = S

[A1] _ ^C^C_ LINE; 0, 0; 841, 0; 841, 594; 0, 594; C; PLINE; 25, 10; W; 0.7; 0.7; +831, 10; 831, 584; 25, 584; C; ZOOM; A; $ S = X $ S = S

[A2] _ ^C^C_ LINE0, 0; 594, 0; 594, 420; 0, 420; C; PLINE; 25, 10; W; 0.7; 0.7; +584, 10; 584, 410; 25, 410; C; ZOOM; A; $ S = X $ S = S

[A3] _ ^C^C_ LINE; 0, 0; 420, 0; 420, 297; 0, 297; C; PLINE; 25, 5; W; 0.7; 0.7; +415, 5; 415, 292; 25, 292; C; ZOOM; A; $ S = X $ S = S

[A4] _ ^C^C_ LINE; 0, 0; 210, 0; 210, 297; 0, 297; C; PLINE; 25, 5; W; 0.7; 0.7; +205, 5; 205, 292; 25, 292; C; ZOOM; A; $ S = X $ S = S

[TO ACAD] $ S = XS $ S = S

(4) 存盘　装入 SUPPORT 子目下。过程略。

4. 试验 IA 子菜单

1) 进入 AutoCAD，屏幕菜单

2) 点取屏幕菜单“IA”，屏幕菜单区显示出 AA 菜单中各标准图幅菜单项。

3) 点取 A0 项，屏幕即刻显示出带装订边的 A0 标准图幅。

4) 点取 A1 项，屏幕即刻显示出带装订边的 A1 标准图幅。

5) 点取 A2 项，屏幕即刻显示出带装订边的 A2 标准图幅。

6) 点取 A3 项，屏幕即刻显示出带装订边的 A3 标准图幅。

7) 点取 A4 项，屏幕即刻显示出带装订边的 A4 标准图幅。

8) 点取 TO ACAD 项，屏幕即刻回到主菜单。

三、练习作业

1）编写无装订边的标准图幅。试用同样方法编写不带装订边，有对中符号的标准图幅 A0B、A1B、A2B、A3B、A4B 菜单文件。过程略。

2）用下拉式菜单试编写标准图幅菜单文件。

课题十五　AutoLISP 语言的编程操作

一、目的

1）熟悉 AutoLISP 语言数据形式的特点。
2）熟悉 AutoLISP 语言语法规则。
3）掌握 AutoLISP 语言编程的方法。
4）掌握 AutoLISP 常用函数。
5）掌握 AutoLISP 语言程序装入和运行的方法。
5）熟悉 AutoLISP 语言开发 AutoCAD 功能的作用和意义。

二、内容

1. 分析 AutoLISP 程序 SPT. LSP（形位公差标注代号）

```
(defun C: SPT (/ p1 p2 p3 p4 x n)
(graphscr)
(setq mm (getreal " \n Enter 1: MM: "))
(setq mmm (* 10 mm))
(setq p1 (getpoint " \n Enter the first point 〈p1〉: "))
(setq p2 (getpoint " \n Enter the next point 〈p2〉: "))
(setq p3 (getpoint " \n Enter the end point 〈p3〉: "))
(setq x (- (cadr p2) (cadr p1)))
(setq n (getreal " \n while N=1, 2, 3, 4 N= "))
(if (> n2)
    (command " pline" (list (+ (car p1) (* 2 mm)) (cadr p1))
 " w" 0.07 ""
    (list (- (car p1) (* 2 mm)) (cadr p1)) "")
)
(if (and (< n3) (> x0))
    (command " pline" p1 " w" " 0" (* 1 mm) (list (car p1)
(+ (cadr p1) (* 3.5 mm))) "")
)
(if (and (< n3) (< x0))
   (command " pline" p1 " w" " 0" (* 1 mm) (list (car p1) (-
 (cadr p1) (* 3.5 mm))) "")
)
   (setq p2 (list (car p1) (cadr p2)))
   (setq p3 (list (car p3) (cadr p2)))
   (command " line" p1 p2 p3 "")
   (setq x (- (car p3) (car p2)))
```

```
    (cond ((> x 0)
            (setq p1 (list (car p3) (+ (cadr p3) (*3.5 mm))))
            (setq p3 (list (+ (car p3) (*21 mm)) (- (cadr p3) (* 3.5 mm))))
            (setq p2 (list (car p3) (cadr p1)))
            (setq p4 (list (car p1) (cadr p3)))
            (command " line" p1 p2 p3 p4 " c")
            (setq p1 (list (+ (car p1) (*7 mm)) (cadr p1)))
            (setq p4 (list (+ (car p4) (*7 mm)) (cadr p4)))
            (command " line" p1 p4 "")
            (cond ( (or (= n 2) (= n 4))
                (setq p1 p2)
                (setq p4 p3)
                (setq p2 (list (+ (car p1) (*7 mm)) (cadr p1)))
                (setq p3 (list (car p2) (cadr p4)))
                (command " line" p1 p2 p3 p4 "")
            )
        )
    )
)
    (cond ((< x 0)
            (setq p1 (list (car p3) (+ (cadr p3) (*3.5 mm))))
            (setq p3 (list (- (car p3) (*21 mm)) (- (cadr p3) (* 3.5 mm))))
            (setq p2 (list (car p3) (cadr p1)))
            (setq p4 (list (car p1) (cadr p3)))
            (command " line" p1 p2 p3 p4 " c")
            (setq p1 (list (- (car p1) (*7 mm)) (cadr p1)))
            (setq p4 (list (- (6car p4) (*7 mm)) (cadr p4)))
            (command " line" p1 p4 "")
            (cond ( (or (= n 2) (= n 4))
                (setq p1 p2)
                (setq p4 p3)
                (setq p2 (list (- (car p1) (*7 mm)) (cadr p1)))
                (setq p3 (list (car p2) (cadr p4)))
                (command " line" p1 p2 p3 p4 "")
            )
        )
    )
)
    )
```

2. 装入形位公差标注代号的 AutoLISP 程序

Command：Appload↓

在弹出的 Load/Unload Application 对话框中，输入编写的 AutoLISP 语言程序文件名，单击

“OK”按钮，退出对话框。

3. 调用 AutoLISP 语言程序

例如：AutoLISP 语言的程序名为 SPT. lsp。

命令：SPT↓

1：MM：输入当前图纸的比例因子

Enter the first point (p1)：拾取指引线标注端点↓

Enter the next point (p2)：拾取指引线转折点↓

Enter the end point (p3)：拾取指引线端点↓

While N =1，2，3，4 N =：选取其中所需项↓

按提示操作完成。

4. 编制一个 AutoLISP 程序

已知尺寸 DD1、DD2、DD3、HH、HH2 与倒角 =1（45°），将实体放在 STR、中心线放在 CEN、尺寸线放在 DIM、剖面线放在 HAT 层，自动完成绘图与尺寸标注，如图 15-1 所示。

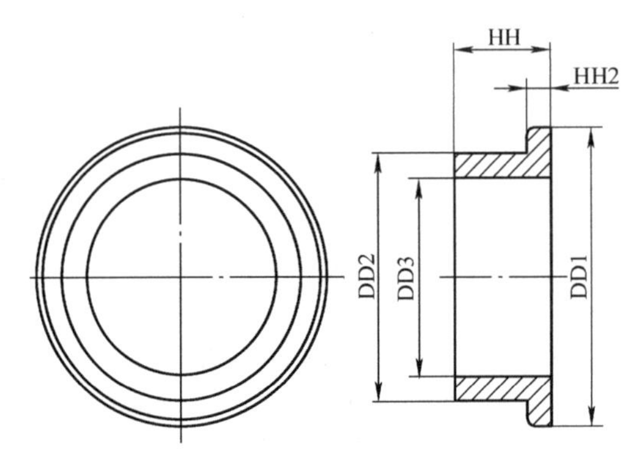

图 15-1　编制 AutoLISP 程序图形

```
(defun c: test6_ 2 ()
    (setvar " cmdecho" 0)
    (setq baspt ´(148 105))
    (command " vslide" " bas52")
    (setq dd1 (/ (getdist " \ nDD1: ") 2))
    (setq dd2 (/ (getdist " \ nDD2: ") 2))
    (setq dd3 (/ (getdist " \ nDD3: ") 2))
    (setq hh (getdist " \ nHH: "))
    (setq h2 ( - hh (getdist " \ nH2: ")))
    (redraw)
    (layset)
    (setq cen (polar baspt pi ( * dd1 1.4)))
    (setvar " clayer" " str")
    (command " circle" cen dd1)
    (command " circle" cen dd2)
    (command " circle" cen dd3)
    (command " circle" cen ( - dd1 1))
    (setq pp1 (polar cen pi ( + dd1 3)))
```

```
    (setq pp2 (polar cen 0 ( + dd1 3)))
    (setq pp3 (polar cen (/ pi 2) ( + dd1 3)))
    (setq pp4 (polar cen ( * pi 1.5) ( + dd1 3)))
    (setvar " clayer" " cen")
    (command " line" pp1 pp2 "")
    (command " line" pp3 pp4 "")
    (setq pt (polar baspt 0 h2))
    (setq pt1 (polar pt ( * pi 1.5) dd2))
    (setq pt2 (polar pt1 0 h2))
    (setq pt3 (polar pt2 ( * pi 1.5) ( - dd1 dd2 1)))
    (setq pt4 (polar (polar pt3 ( * pi 1.5) 1) 0 1))
    (setq pt5 (polar pt4 0 ( - hh h2 1)))
    (setq pt6 (polar pt5 (/ pi 2) ( * dd1 2)))
    (setq pt7 (polar pt4 (/ pi 2) ( * dd1 2)))
    (setq pt8 (polar pt3 (/ pi 2) ( - ( * dd1 2) 2)))
    (setq pt9 (polar pt2 (/ pi 2) ( * dd2 2)))
    (setq pt10 (polar pt1 (/ pi 2) ( * dd2 2)))
    (setvar " clayer" " str")
    (command " pline" pt1 pt2 pt3 pt4 pt5 pt6 pt7 pt8 pt9 pt10 " c")
    (setq pa1 (polar pt pi 3))
    (setq pa2 (polar pt 0 ( + hh 3)))
    (setvar " clayer" " cen")
    (command " line" pa1 pa2 "")
    (setq b1 (polar pt (/ pi 2) dd3))
    (setq b2 (polar b1 0 hh))
    (setq b3 (polar pt ( * pi 1.5) dd3))
    (setq b4 (polar b3 0 hh))
    (setvar " clayer" " str")
    (command " line" b1 b2 "")
    (command " line" b3 b4 "")
    (draw_ hat)
    (draw_ dim)
    )
; 绘制剖面线副程序
(defun draw_ hat ()
    (setq mid1 (polar pt2 (angle pt2 pt5) (/ (distance pt2 pt5) 2)))
    (setq mid2 (polar pt9 (angle pt9 pt6) (/ (distance pt9 pt6) 2)))
    (setvar " hpname" " u")
    (setvar " hpang" (/ pi 4))
    (setvar " hpspace" 3)
    (setvar " clayer" " hat")
    (command " bhatch" mid1 mid2 "")
```

```
    )
; 执行标注尺寸副程序
(defun draw_ dim ( )
    (setvar " clayer" " dim")
    (command " dimlinear" pt8 pt6 (polar pt6 (/ pi 2) 8))
    (command " dimlinear" pt10 pt6 (polar pt6 (/ pi 2) 16))
    (command " dimlinear" b1 b3 " t" "%%c< >" (polar b1 pi 8))
    (command " dimlinear" pt1 pt10 " t" "%%c< >" (polar b1 pi 16))
    (command " dimlinear" pt5 pt6 " t" "%%c< >" (polar pt5 0 8))
    )
; 执行设定图层副程序
(defun layset ( )
    (command " layer" " n" " str, cen, hid, hat, txt, dim" " c" 1 " str" " c" 2 " cen" " c" 4
" hid" " c" 5 " hat" " c" 6 " txt" " c" 3 " dim" "")
    (setq key (tblsearch " ltype" " center"))

    (if ( = key nil) (command " linetype" " l" " center" " acadiso" ""))

    (setq key (tblsearch " ltype" " hidden"))

    (if ( = key nil) (command " linetype" " l" " hidden" " acadiso" ""))

    (command " layer" " lt" " center" " cen" " lt" " hidden" " hid" "")
    )
```

程序编辑好后，以后缀“. lsp”为文件名将其存到磁盘上。若要运行此程序，必须先将其装入。在提示符“命令:”下输入程序名称，即可运行该程序。

三、作业练习

1）编写图 15-2 所示图形的 AutoLISP 语言程序并上机运行。当输入水平距离 A、相切圆堆叠的层数后，自动绘制出图形。

2）编写图 15-3 所示图形的 AutoLISP 语言程序并上机运行。

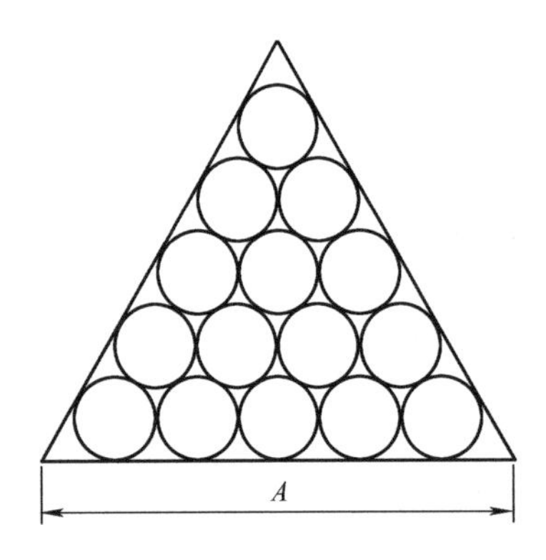

图 15-2　AutoLISP 语言程序图形 1

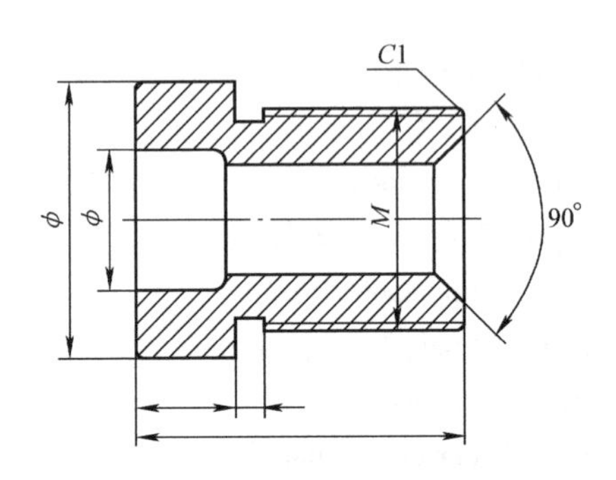

图 15-3　AutoLISP 语言程序图形 2

3）编写图 15-4 所示图形的 AutoLISP 语言程序并上机运行。请求选取圆心，输入直径值 *A* 自动完成图形。

4）编写图 15-5 所示图形的 AutoLISP 语言程序并上机运行。输入直径 *D* 自动完成图形。

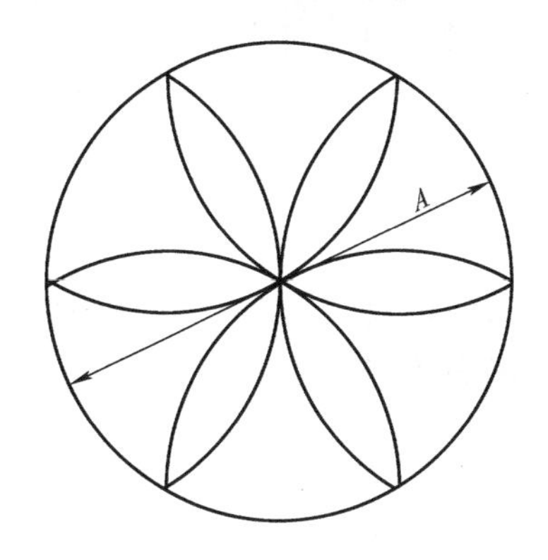

图 15-4　AutoLISP 语言程序图形 3

图 15-5　AutoLISP 语言程序图形 4

第二部分　综合练习题

一、单选题

1. 重新执行上一个命令的最快方法是________。

A. 按 Enter 键　　B. 按空格键　　C. 按 Esc 键　　D. 按 F1 键

2. 在 AutoCAD 2012 中，系统提供了________种绘制圆弧的方式。

A. 11　　B. 6　　C. 8　　D. 9

3. 在 AutoCAD 中，图形文件和样板文件的扩展名分别是________。

A. dwt，dwg　　B. dwg，dwt　　C. bmp，bak　　D. bak，bmp

4. 在命令执行中，取消命令执行的键是________。

A. 按 Enter 键　　B. 按 Esc 键　　C. 按鼠标右键　　D. 按 F1 键

5. 在十字光标处通过鼠标右键弹出的菜单称为________。

A. 鼠标菜单　　B. 十字交叉线菜单　　C. 快捷菜单　　D. 此处不出现菜单

6. 当丢失了下拉菜单，可以用下面哪一个命令重新加载标准菜单________。

A. Load　　B. New　　C. Open　　D. Menu

7. 在命令行状态下，不能调用帮助功能的操作是________。

A. 输入 Help 命令　　B. 快捷键 Ctrl + H　　C. 功能键 F1　　D. 输入?

8. 可利用以下哪种方法来调用命令________。

A. 在命令行输入命令　　B. 单击工具栏上的图标按钮

C. 选择下拉菜单中的相应菜单项　　D. 三者均可

9. 在 AutoCAD 系统中，不能输出以下哪种扩展名格式的文件________。

A. jpg　　B. bmp　　C. swf　　D. 3ds

10. 对已命名的文件进行编辑过程中，保存操作命令为________。

A. Open　　B. Save　　C. Saveas　　D. Close

11. 默认的世界坐标系的简称是________。

A. CCS　　B. UUS　　C. UCS　　D. WCS

12. 在 AutoCAD 系统中，下列________坐标是相对极坐标。

A. @32，18　　B. @32 < 18　　C. 32，18　　D. 32 < 18

13. 要快速显示整个图限范围内的所有图形，操作过程是________。

A. “视图”→“缩放”→“窗口”　　B. “视图”→“缩放”→“动态”

C. “视图”→“缩放”→“范围”　　D. “视图”→“缩放”→“全部”

14. 设置“夹点”大小及颜色是在“选项”对话框中的________选项卡中操作的。

A. 打开和保存　　B. 系统　　C. 显示　　D. 选择

15. 默认情况下，用户坐标系统与世界坐标系统的关系，下面________说法正确。

A. 不相重合　　B. 同一个坐标系

C. 相重合　　D. 有时重合有时不重合

16. 设置光标大小需在“选项”对话框中的________选项卡中设置。

A. 草图　　B. 打开和保存　　C. 系统　　D. 显示

17. 在 AutoCAD 系统中，要将当前视口扩大到充满整个绘图窗口，可选择________操作。
A. “视图”→“视口”→“一个视口”　B. “视图”→“缩放”→“动态”
C. “视图”→“缩放”→“范围”　D. “视图”→“缩放”→“全部”
18. 在 AutoCAD 中，要将左右两个视口改为左上、左下、右三个视口，可选择________命令。
A. “视图”→“视口”→“一个视口”　B. “视图”→“视口”→“三个视口”
C. “视图”→“视口”→“合并”　D. “视图”→“视口”→“两个视口”
19. 可以用________命令把 AutoCAD 中的图形转换成图像格式（如 bmp、eps、wmf、PostScript）
A. 保存　B. 发送　C. 另存为　D. 输出
20. 在 AutoCAD 中，使用________可以在打开的图形间来回切换，但是，在某些时间较长的操作（例如重生成图形）期间不能切换图形。
A. Ctrl + F9 键或 Ctrl + Shift 键　B. Ctrl + F8 键或 Ctrl + Tab 键
C. Ctrl + F6 键或 Ctrl + Tab 键　D. Ctrl + F7 键或 Ctrl + Lock 键
21. 在命令行中输入“Zoom”，执行“缩放”命令。在命令行“指定窗口角点，输入比例因子(nX 或 nXP)，或［全部（A）/中心点（C）/动态（D）/范围（E）/上一个（P）/比例（S）/窗口（W）］ <实时>:”提示下，输入________，该图形相对于当前视图缩小一半。
A. -0.5nxp　B. 0.5x　C. 2nxp　D. 2x
22. 在 AutoCAD 中，要打开或关闭栅格，可按________键。
A. F12　B. F2　C. F7　D. F9
23. “缩放”（Zoom）命令在执行过程中改变了________。
A. 图形的界限范围大小　B. 图形的绝对坐标
C. 图形的相对坐标　D. 图形的显示大小
24. 在 AutoCAD 新建图形，使用样板文件时，样板图形的扩展名应为________。
A. dwg　B. dwt　C. dwk　D. tem
25. 在 AutoCAD 中，可以通过________插入图像文件，从而使图形更生动。
A. “插入”→“光栅图像”　B. “插入”→“块”
C. “插入”→“光栅管理器”　D. “插入”→“外部参照”
26. 下面________选项不是构造选择集选项。
A. Window　B. Fence　C. Filter　D. Group
27. 精确绘图的特点是________。
A. 精确的颜色　B. 精确的线宽
C. 精确的几何数量关系　D. 精确的文字大小
28. 下面________选项可以作为过滤器条件。
A. 随层　B. 随块　C. 颜色　D. 绿色
29. 下面________说法是错误的。
A. 使用“绘图”→“正多边形”命令将得到一条多段线
B. 可以用“绘图”→“圆环”命令绘制填充的实心圆
C. 打断一条“构造线”将得到两条射线
D. 不能用“绘图”→“椭圆”命令画圆
30. 若选用公制（Metric），则设置绘图范围的命令和默认的绘图范围是________。
A. Limits、12×9　B. Limits、420×297
C. Zoom、12×9　D. Zoom、420×297
31. 按比例改变图形实际大小的命令是________。

A. Offset　B. Zoom　C. Scale　D. Stretch

32. Help命令不能使用在________。

A. 调用Circle命令中的TTR选项中　B. 调用Line命令中

C. 列出命令　D. 文本字符串

33. 移动（Move）和平移（Pan）命令是________。

A. 都是移动命令，效果一样

B. 移动（Move）速度快，平移（Pan）速度慢

C. 移动（Move）的对象是视图，平移（Pan）的对象是物体

D. 移动（Move）的对象是物体，平移（Pan）的对象是视图

34. 绘图辅助工具栏中部分模式（如“极轴追踪”模式）的设置在________对话框中进行自定义。

A. 草图　B. 图层管理器　C. 选项　D. 自定义

35. 在“缩放”工具栏中，共有________种缩放选项。

A. 10　B. 6　C. 8　D. 9

36. 下面________的图层的名称不能被修改或删除。

A. 未命名的层　B. 标准层　C. 0层　D. 默认的层

37. 打开命令行文本窗口的快捷键是________。

A. F1　B. F2　C. F4　D. F7

38. 当图形中只有一个视口时，“重生成”的功能与________相同。

A. 窗口缩放　B. 全部重生成　C. 实时平移　D. 重画

39. 对于图形界限非常大的复杂图形，________工具能快速简便地定位图形中的任一部分，以便观察图形。

A. 放大　B. 鸟瞰视图　C. 缩小　D. 移动

40. 当前图层________被关闭，________被冻结。

A. 可以、可以　B. 可以，不能　C. 不能，可以　D. 不能，不能

41. 改变图形实际位置的命令是________。

A. Zoom　B. Move　C. Pan　D. Offset

42. 卸载菜单栏以后，可以在________对话框中装载。

A. 菜单自定义　B. 草图设置　C. 选项　D. 自定义

43. 以下________输入方式是绝对坐标输入方式。

A. @10，15，0　B. 10，15，0　C. @ <0　D. 10

44. 如果从起点（5，5）画出与X轴正方向成30°夹角，长度为50的直线段，应输入________。

A. 50，30　B. @30，50　C. @50 <30　D. 30，50

45. 正交和极轴追踪是________。

A. 名称不同，但是一个概念　B. 正交是极轴的一个特例

C. 极轴是正交的一个特例　D. 不相同的概念

46. 用相对直角坐标绘图时，以________点为参照点。

A. 上一指定点或位置　B. 坐标原点

C. 屏幕左下角点　D. 任意一点

47. 极坐标是基于________点的距离。

A. 给定角度的上一指定点或位置　B. 坐标原点

C. 屏幕左下角点　D. 显示中心

48. 执行“样条曲线”命令后，________选项用来输入曲线的偏差值。值越大，曲线越远离指定的点；值越小，曲线离指定的点越近。

A. 闭合　　B. 端点切向　　C. 拟合公差　　D. 起点切向

49. 下面________命令可以绘制由若干个直线和圆弧连接而成的不同宽度的曲线或折线，且它们是一个实体。

A. Pline　　B. Line　　C. Rectangle　　D. Polygon

50. 执行________命令对闭合图形无效。

A. 打断　　B. 复制　　C. 拉长　　D. 删除

51. 应用下面________选项可以使直线、样条曲线、多线段绘制的图形闭合。

A. Close　　B. Connect　　C. Complete　　D. Done

52. 下面________命令以等分长度的方式在直线、圆弧等对象上放置点或图块。

A. Measure　　B. Point　　C. Divide　　D. Split

53. 当用 Mirror 命令对文本属性进行镜像操作时，要想让文本具有可读性，应将变量 Mirrtext 的值设置为________ 。

A. 0　　B. 1　　C. 2　　D. 3

54. 要将多个夹点作为基夹点并且保持选定夹点之间的几何图形完好，则在选择夹点时按住________键。

A. Alt　　B. Ctrl　　C. Shift　　D. Tab

55. 下面________命令可以对两个对象用圆弧进行连接。

A. Fillet　　B. Pedit　　C. Chamfer　　D. Array

56. 在一个大的封闭区域内存在的一个独立的小区域称为________。

A. 孤岛　　B. 面域　　C. 选择集　　D. 已创建的边界

57. 在执行“全部缩放”或“范围缩放”后，________图形不能完全显示。

A. 多段线　　B. 射线　　C. 圆　　D. 直线

58. 下面________对象不可以使用 Pline 命令来绘制。

A. 直线　　B. 圆弧　　C. 具有宽度的直线　　D. 椭圆弧

59. 下面________命令只能恢复用户上一步利用 Erase 命令删除的对象。

A. Oops　　B. Undo　　C. Delete　　D. Esc

60. 下列目标选择方式中，________方式可以快速全选绘图区中所有的对象。

A. Esc　　B. Box　　C. All　　D. Zoom

61. 可以使用下面________命令来设置多线样式和编辑多线。

A. Mledit，Mlstyle　　B. Mledit，Mline

C. Mlstyle，Mline　　D. Mlstyle，Mledit

62. 可以通过下面________系统变量控制点的样式。

A. Pdmode　　B. Pdsize　　C. Pline　　D. Point

63. 使用________命令可以绘制出所选对象的对称图形。

A. Stretch　　B. Copy　　C. Lengthen　　D. Mirror

64. 下列________命令，能够既刷新视图，又刷新计算机图形数据库。

A. Redraw　　B. Redrawall　　C. Regen　　D. Regenmode

65. 应用相切、相切、相切方式画圆时________。

A. 相切的对象必须是直线　　B. 不需要指定圆的半径和圆心

C. 从下拉菜单激活画圆命令　　D. 不需要指定圆心但要输入圆的半径

66. 在以下的命令中，________命令不能用来绘制多边形。

A. Line　B. Arc　C. Polygon　D. Pline

67. 图案填充操作中________。

A. 只能单击填充区域中任意一点来确定填充区域

B. 所有的填充样式都可以调整比例和角度

C. 图案填充可以和原来轮廓线关联或者不关联

D. 图案填充只能一次生成，不可以编辑修改

68. 下面________命令不能绘制圆形线条。

A. Circle　B. Polygon　C. Arc　D. Ellipse

69. 使用 Stretch 命令时，若所选实体全部在交叉窗口内，则拉伸实体等同于下面________命令。

A. Extend　B. Lengthen　C. Move　D. Rotate

70. 执行下面________命令时，实体的选择只能用交叉窗口方式，且窗口内的实体将随之移动，与窗口相交的实体将被拉伸。

A. Stretch　B. Array　C. Move　D. Rotate

71. 下面________命令用于把单个或多个对象从它们的当前位置移至新位置，且不改变对象的尺寸和方位。

A. Array　B. Copy　C. Move　D. Rotate

72. 如果按照简单的规律大量复制对象，可以选用下面________命令。

A. Array　B. Copy　C. Move　D. Rotate

73. 下面________命令可以将直线、圆、多线段等对象作同心复制，且如果对象是闭合的图形，则执行该命令后的对象将被放大或缩小。

A. Offset　B. Scale　C. Zoom　D. Copy

74. Polgon 命令最多可以绘制________条边的正方形。

A. 128　B. 256　C. 512　D. 1024

75. 如果想把直线、弧和多线段的端点延长到指定的边界，则应该使用________命令。

A. Extend　B. Pedit　C. Fillet　D. Array

76. 修剪命令（Trim）可以修剪很多对象，但不能修剪________。

A. 圆弧、圆、椭圆弧　B. 直线、开放的二维和三维多段线

C. 射线、构造线和样条曲线　D. 多线（Mline）

77. 下面________命令用于绘制多条相互平行的线，每一条的颜色和线型可以相同，也可以不同，此命令常用来绘制建筑工程上的墙线

A. 多段线　B. 多线　C. 样条曲线　D. 直线

78. 一个同心圆可由一个已画好的圆用________命令来实现。

A. Extend　B. Move　C. Offset　D. Stretch

79. 下面________对象执行“倒角”命令无效。

A. 多段线　B. 构造线　C. 弧　D. 直线

80. 下面________命令可以方便地查询指定两点之间的直线距离以及该直线与 X 轴的夹角。

A. 点坐标　B. 距离　C. 面积　D. 面域

81. 下面________命令用于等分一个选定的实体，并在等分点处设置点标记符号或图块。用户输入的数值是等分段数，而不是设置点的个数。

A. 单点　B. 定距等分　C. 定数等分　D. 多点

82. 下面________命令用于绘制指定内外直径的圆环或填充圆。

A. 椭圆　B. 圆　C. 圆弧　D. 圆环

83. 下面________命令是一个辅助绘图命令，它是一个没有端点而无限延伸的线，它经常用于建筑设计和机械设计的绘图辅助工作中。

A. 多线　B. 构造线　C. 射线　D. 样条曲线

84. 下面________是由封闭图形所形成的二维实心区域，它不但含有边的信息，还含有边界内的信息，用户可以对其进行各种布尔运算。

A. 块　B. 多段线　C. 面域　D. 图案填充

85. 下列选项中，不属于图层特性的是________。

A. 打印样式　B. 锁定　C. 线宽　D. 颜色

86. 下面________命令是将选定对象的特性应用到其他对象上。

A. “夹点”编辑　B. AutoCAD 设计中心　C. 特性　D. 特性匹配

87. 对象执行偏移命令后，大小和形状保持不变的是________实体。

A. 椭圆　B. 圆　C. 圆弧　D. 直线

88. 下面________命令可自动地将包围指定点的最近区域定义为填充边界。

A. Bhatch　B. Boundary　C. Hatch　D. Pthatch

89. 在为编辑命令选择图案时，系统变量 Pickstyle 起着重要作用，其中，要禁止编组或关联图案选择，应将系统变量 Pickstyle 值设置为________。

A. 0　B. 1　C. 2　D. 3

90. 下面________命令可以将所选对象用给定的距离放置点或图块。

A. Measure　B. Point　C. Divide　D. Split

91. AutoCAD 系统提供的________命令可以用来查询所选实体的类型、所属图层空间等特性参数。

A. “距离（Dist）”　B. “列表（List）”

C. “时间（Time）”　D. “状态（Status）”

92. 在夹点中，被选中的夹点颜色是________。

A. 红色　B. 黄色　C. 蓝色　D. 绿色

93. 在 AutoCAD 系统中设置图层颜色时，可以使用________种标准颜色。

A. 240　B. 255　C. 6　D. 9

94. 在默认状态下，填充图案“ANSI31”中线条的角度为________。

A. 0°　B. 180°　C. 45°　D. 90°

95. 在机械制图中，常使用________来绘制连接圆弧。

A. 三点　B. 相切、相切、半径

C. 相切、相切、相切　D. 圆心、半径

96. 在绘制圆弧时，已知圆弧的圆心、弦长和起点，可以使用“绘图”→“圆弧”命令中的________子命令绘制。

A. 起点、端点、方向　B. 起点、端点、角度

C. 起点、圆心、长度　D. 起点、圆心、角度

97. 在绘制二维图形时，要绘制多段线可以选择________命令。

A. “绘图”→“3D 多段线”　B. “绘图”→“多段线”

C. “绘图”→“多线”　D. “绘图”→“样条曲线”

98. 在绘制多段线时，当在命令提示行输入 A 时，表示切换到________绘图方式。

A. 角度　B. 圆弧　C. 直径　D. 直线

99. 在对圆弧执行“拉伸”命令时，________在拉伸过程中不改变。

A. 弦高　B. 圆弧　C. 圆心位置　D. 终止角度

100. 下面________对象运用“偏移”命令时，可以将原对象进行偏移。

A. 点　B. 图块　C. 文本对象　D. 圆弧

101. 在 AutoCAD 系统中，使用“绘图”→“矩形”命令可以绘制多种矩形，下面答案中最恰当的是________。

A. 倒角矩形　B. 有厚度的矩形　C. 圆角矩形　D. 以上答案全正确

102. 下面________命令不能绘制三角形。

A. Line　B. Rectang　C. Polygon　D. Pline

103. 用“正多边形”命令绘制的正多边形可以看做是一条________。

A. 多段线　B. 构造线　C. 样条曲线　D. 直线

104. 在 AutoCAD 中，使用交叉窗口选择（Crossing）对象时，所产生的选择集__________。

A. 仅为窗口内部的实体

B. 仅为与窗口相交的实体（不包括窗口内部的实体）

C. 同时与窗口四边相交的实体加上窗口内部的实体

D. 以上都不对

105. 下面________命令可以对两个对象进行圆弧连接。

A. Extend　B. Pedit　C. Fillet　D. Array

106. 下面________命令可以绘制连续的直线段，且每一部分都是单独的线对象。

A. Polyline　B. Line　C. Rectangle　D. Polygon

107. 当对象的某一夹点处于热夹点状态时，按________键可以切换夹点编辑模式，即“拉伸→移动→旋转→比例缩放→镜像”。

A. Ctrl　B. Enter　C. Shift　D. Tab

108. 要在 AutoCAD 系统中的绘图窗口中创建字符串 AutoCAD 2012，下面正确的输入是________。

A. %%OAutoCAD%%O2012　B. %%OAutoCAD 2012%%O

C. %%UAutoCAD%%U2012　D. %%UAutoCAD 2012%%U

109. 在 AutoCAD 中，用户可以使用________命令将文本设置为快速显示方式，使图形中的文本以线框的形式显示，从而提高图形的显示速度。

A. Text　B. Mtext　C. Wtext　D. Qtext

110. 在“标注样式”对话框中，“文字”选项卡中的“分数高度比例”选项只有设置了________选项后方才有效。

A. 单位精度　B. 公差　C. 换算单位　D. 使用全局比例

111. 在 AutoCAD 中创建文字时，圆的直径的键入方法是________。

A. %%C　B. %%D　C. %%P　D. %%R

112. 下面________命令可以打开“标注样式管理器”对话框，在其中可对标注样式进行设置。

A. Dimradius　B. Dimstyle

C. Dimdiameter　D. Dimlinear

113. 多行文本标注命令是________。

A. Text　B. Mtext　C. Qtext　D. Wtext

114. 下面________命令用于标注在同一方向上连续的线性尺寸或角度尺寸。

A. Dimbaseline　B. Dimcontinue　C. Qleader　D. Qdim

115. 在进行文本标注时，若要输入“度数（°）”符号，则输入代码为________。

A. D%%　　B. %d　　C. D%　　D. %%d

116. 下面________命令用于创建平行于所选对象或平行于两尺寸界线源点连线的直线型尺寸

A. 对齐标注　　B. 快速标注　　C. 连续标注　　D. 线性标注

117. 半径尺寸标注的标注文字的默认前缀是________。

A. D　　B. R　　C. Rad　　D. Radius

118. 当图形中只有两个端点时，不能执行“快速标注”命令中的________选项。

A. 编辑中的添加　　B. 编辑中指定要删除的标注点

C. 连续　　D 相交

119. 下列________不属于基本标注类型的标注。

A. 对齐标注　　B. 基线标注　　C. 快速标注　　D. 线性标注

120. 如果要标注倾斜直线的长度，应该选用下面________命令。

A. Dimlinear　　B. Dimaligned

C. Dimordinate　　D. Qdim

121. 在一个线性标注数值前面添加直径符号，则应用________命令。

A. %%C　　B. %%O　　C. %%D　　D. %%%

122. 快速引线后不能尾随的注释对象是________。

A. 多行文字　　B. 公差　　C. 单行文字　　D. 复制对象

123. 下面________命令用于测量并标注被测对象之间的夹角。

A. Dimangular　　B. Angular　　C. Qdim　　D. Dimradius

124. 下面________命令用于在图形中以第一尺寸线为基准标注图形尺寸。

A. Dimbaseline　　B. Dimxontinue　　C. Qleader　　D. Qdim

125. 快速尺寸标注的命令是________。

A. Qdimline　　B. Qdim　　C. Qleader　　D. Dim

126. 下面________字体是中文字体。

A. gbenor. shx　　B. gbeitc. shx　　C. gbcbig. shx　　D. txt. shx

127. 下面________命令用于对 Text 命令标注的文本进行查找和替换。

A. Find　　B. Spell　　C. Qtext　　D. Edit

128. 使用“快速标注”命令标注圆或圆弧时，不能自动标注________选项。

A. 半径　　B. 基线　　C. 圆心　　D. 直径

129. 在定义块属性时，要使属性为定值，可选择________模式。

A. 不可见　　B. 固定　　C. 验证　　D. 预置

130. 在块使用中下面________命令与 Array 命令相似。

A. Minsert　　B. Block　　C. Insert　　D. Wblock

131. 用下面________命令创建的图块，用 Insert 命令只能在当前图形文件中使用，而不能用于其他图形中。

A. Block　　B. Wblock　　C. Explode　　D. Mblock

132. 在创建块时，在块定义对话框中必须确定的要素为________。

A. 块名、基点、对象　　B. 块名、基点、属性

C. 基点、对象、属性　　D. 块名、基点、对象、属性

133. 如果要删除一个无用的块，可使用下面________命令。

A. Purge　　B. Delete　　C. Esc　　D. Update

134. 布局空间（Layout）的设置是________。

A. 必须设置为一个模型空间，一个布局

B. 一个模型空间可以多个布局

C. 一个布局可以多个模型空间

D. 一个文件中可以有多个模型空间多个布局

135. 在打印样式表栏中，选择或编辑一种打印样式，可编辑的扩展名为________。

A. wmf　B. plt　C. ctb　D. dwg

136. 模型空间是________。

A. 和图纸空间设置一样　B. 和布局设置一样

C. 为了建立模型设定的，不能打印　D. 主要为设计建模用，但也可以打印

137. 在保证图纸安全的前提下，和别人进行设计交流的途径是________。

A. 不让别人看图．dwg 文件，直接口头交流

B. 只看．dwg 文件，不进行标注

C. 把图纸文件缩小到别人看不太清楚为止

D. 利用电子打印进行．dwf 文件的交流

138. AutoCAD 提供了________打印样式表。

A. 1　B. 2　C. 3　D. 4

139. 在一个视图中，一次最多可创建________个视口。

A. 2　B. 3　C. 4　D. 5

140. 下面________选项不属于图纸方向设置的内容。

A. 纵向　B. 反向　C. 横向　D. 逆向

二、多选题

1. 运行 AutoCAD 软件应基于________操作平台。

A. Windows XP　B. Windows NT　C. Windows 2000　D. Windows 98

2. 坐标输入方式主要有________。

A. 绝对坐标　B. 相对坐标　C. 极坐标　D. 球坐标

3. AutoCAD 帮助系统提供了使用 AutoCAD 的完整信息。下面________选项的说法是正确的。

A. 右边的框显示所选择的主题和详细信息

B. 左边的框帮助用户定位要查找的信息

C. 左边的框显示所查找主题的详细信息

D. 左框上面的选项卡提供查找所需主题的方法

4. 基本文件命令操作有关闭和________操作。

A. 创建　B. 打开　C. 保存　D. 打印输出

5. 在 AutoCAD 系统中，某个命令的执行往往有几种不同的方式，如________等。

A. 快捷键　B. 命令行中直接输入命令

C. 使用工具栏上的图标按钮　D. 在图形窗口单击鼠标左键

6. 若用户打开了多个文档，可按下面________快捷键在各个文档之间快捷转换。

A. Alt + F5　B. Ctrl + F6　C. Ctrl + Tab　D. Ctrl + F7

7. 在 AutoCAD 系统中，有________文档排列方式。

A. 层叠　B. 水平平铺　C. 垂直平铺　D. 排列图标

8. 当前 AutoCAD 系统的操作界面主要由标题栏、工具栏和________等几部分组成。

A. 状态栏　B. 下拉菜单　C. 命令行　D. 绘图区

9. 在 AutoCAD 系统中，提供了________坐标系。

A. 笛卡尔坐标系　　B. 世界坐标系　　C. 用户坐标系　　D. 球坐标系

10. 在 AutoCAD 系统中，不能删除的图层是________。

A. 0 图层　　B. 当前图层

C. 含有实体的层　　D. 外部引用依赖层

11. 在同一图形文件中，各图层具有相同的________，用户可以对位于不同图层上的对象同时进行编辑操作。

A. 绘图界限　　B. 显示时缩放倍数　　C. 属性　　D. 坐标系

12. 在执行“交点”捕捉模式时，可捕捉到________。

A. 捕捉（三维实体）的边或角点

B. 可以捕捉面域的边

C. 可以捕捉曲线的边

D. 圆弧、圆、椭圆、椭圆弧、直线、多线、多段线、射线、样条曲线或构造线等对象之间的交点

13. 下面关于栅格的说法，________是正确的。

A. 打开“栅格”模式，可以直观地显示图形的绘制范围和绘图边界

B. 当捕捉设定的间距与栅格所设定的间距不同时，捕捉也按栅格进行，也就是说，当两者不匹配时，捕捉点也是栅格点

C. 当捕捉设置的间距与栅格相同时，捕捉就可对屏幕上的栅格点进行

D. 当栅格过密时，屏幕上将不会显示栅格，对图形进行局部放大观察时也看不到

14. 在设置绘图单位时，系统提供的长度单位的类型除了小数外，还有________。

A. 分数　　B. 建筑　　C. 工程　　D. 科学

15. 样条曲线可以使用下面________命令进行编辑。

A. 分解　　B. 删除　　C. 修剪　　D. 移动

16. 在下面的命令中，________可作为扩展的绘图命令。

A. Copy　　B. Mirror　　C. Array　　D. Snap

17. 夹点编辑模式包括________。

A. Strectch　　B. Move　　C. Rotate　　D. Mirror

18. 编辑多线主要可分为________情况。

A. 多线样式　　B. 增加或删除多线的顶点

C. 多线的倒角　　D. 多线的倒圆

19. 高级复制主要可分为________。

A. 夹点复制　　B. 连续复制

C. 利用剪贴板复制　　D. 粘贴对象

20. 下面________对象可以作为图案填充的边界。

A. 多段线　　B. 块　　C. 圆弧　　D. 直线

21. 下面关于样条曲线的说法，________是正确的。

A. 可以是二维曲线或三维曲线

B. 是按照给定的某些数据点（控制点）拟合生成的光滑曲线

C. 样条曲线最少应有三个顶点

D. 在机械图样中常用来绘制波浪线、凸轮曲线等

22. 在执行多线编辑命令时，在弹出的“多线编辑工具”对话框中提供的编辑方式为________。

A. T 形交线　　B. 角形交线　　C. 切断交线　　D. 十字交线

23. 对下面________对象执行“拉伸”命令操作无效。

A. 多段线宽度　　B. 矩形　　C. 圆　　D. 三维实体

24. 对实体进行偏移操作时，下面________对象不能进行偏移操作。

A. 点　　B. 图块　　C. 属性　　D. 文本对象

25. 阵列命令有________复制形式。

A. 矩形阵列　　B. 环形阵列　　C. 三角阵列　　D. 样条阵列

26. 下面________命令可以用来复制生成一个或多个相同或相似的图形。

A. Copy　　B. Mirror　　C. Offset　　D. Array

27. 下面________命令可以绘制矩形。

A. Line　　B. Pline　　C. Rectang　　D. Polygon

28. 图案填充的孤岛检测样式有________方式。

A. 普通　　B. 外部　　C. 忽略　　D. 历史记录

29. 图案填充有________图案的类型供用户选择。

A. 预定义　　B. 用户定义　　C. 自定义　　D. 历史记录

30. 修正命令包括________。

A. Trim　　B. Extend　　C. Break　　D. Chamfer

31. 使用圆心（Cen）捕捉类型可以捕捉到________图形的圆心位置。

A. 圆　　B. 圆弧　　C. 椭圆　　D. 椭圆弧

32. 在 AutoCAD 中，点命令主要包括________。

A. Point　　B. Divide　　C. Scale　　D. Measure

33. 图形的复制命令主要包括________。

A. 直接复制　　B. 镜像复制　　C. 阵列复制　　D. 偏移复制

34. 尺寸标注的编辑有________。

A. 倾斜尺寸标注　　B. 对齐文本　　C. 自动编辑　　D. 标注更新

35. 在“标注样式”对话框的“圆心标记类型”选项中，所提供选择的选项包括________。

A. 标记　　B. 无　　C. 圆弧　　D. 直线

36. 绘制一个线性尺寸标注，必须________。

A. 确定尺寸线的位置　　B. 确定第二条尺寸界线的原点

C. 确定第一条尺寸界线的原点　　D. 确定箭头的方向

37. AutoCAD 中包括的尺寸标注类型有________。

A. Angular（角度）　　B. Diameter（直径）

C. Linear（线性）　　D. Radius（半径）

38. 设置尺寸标注样式有________等几种方法。

A. 选择“格式”→“标注样式”选项

B. 在命令行中输入 Ddim 命令后按下 Enter 键

C. 单击“标注”工具栏上的“标注样式”图标按钮

D. 在命令行中输入 Style 命令后按下 Enter 键

39. 执行 Dimradius 或 Dimdiameter 命令时，如果采用系统测量值标注，则 AutoCAD 系统自动在数值前加________符号。

A. D　　B. R　　C. ϕ　　D. %

40. 创建文字样式可以利用________方法。

A. 在命令输入窗中输入 Style 后按下 Enter 键，在打开的对话框中创建
B. 选择“格式”→“文字样式”命令后，在打开的对话框中创建
C. 直接在文字输入时创建
D. 可以随时创建

41. 编辑块属性的途径有________。
A. 单击属性定义进行属性编辑
B. 双击包含属性的块进行属性编辑
C. 应用块属性管理器编辑属性
D. 只可以用命令进行编辑属性

42. 块的属性的定义可以________。
A. 块必须定义属性
B. 一个块中最多只能定义一个属性
C. 多个块可以共用一个属性
D. 一个块中可以定义多个属性

43. 执行“清理（Purge）”命令后，可以________。
A. 查看不能清理的项目
B. 删除图形中多余的块
C. 删除图形中多余的图层
D. 删除图形中多余的文字样式和线型等项目

44. 图形属性一般包含有________选项。
A. 基本　B. 普通　C. 概要　D. 视图

45. 在创建和定义属性及外部参照过程中，“定义属性”________。
A. 不能独立存在　B. 不能独立使用　C. 能独立存在　D. 能独立使用

46. 属性提取过程中，应________。
A. 必须定义样板文件
B. 一次只能提取一个图形文件中的属性
C. 一次可以提取多个图形文件中的属性
D. 只能输出文本格式文件 txt

47. 在块使用时，有________等优点。
A. 建立图形库　B. 方便修改　C. 节约存储空间　D. 节约绘图时间

48. 电子打印，可以________。
A. 无需真实的打印机
B. 无需打印驱动程序
C. 无需纸张等传统打印介质
D. 具有很好的保密性

49. 当图层被锁定时，仍然可以________。
A. 创建新的图形对象
B. 把该图层设置为当前层
C. 把该图层上的图形对象作为辅助绘图时的捕捉对象
D. 作为“修剪”和“延伸”命令的目标对象

50. 完成打印参数的设置后，可以通过________方式来预览图形输出后的效果。
A. 完全预览　B. 局部预览
C. 模型空间预览　D. 图纸空间预览

三、绘图题

1. 将绘图单位设置为精确到小数点后三位，绘制如练图 1 所示的平面图形 28，并回答下面问题。
1）圆弧 *A* 的长度是多少？
2）圆弧 *B* 所包含的角度是多少？
3）*C* 的长度是多少？

4）图形所围成的面积是多少？

5）图形的周长是多少？

2. 将绘图单位设置为精确到小数点后四位，绘制如练图 2 所示的平面图形 29，并回答下面问题。

1）填充区域的面积是多少？

2）三角形内切圆的直径是多少？

3）三角形面积减去圆的面积是多少？

4）围成填充区域圆弧包含的角度是多少？

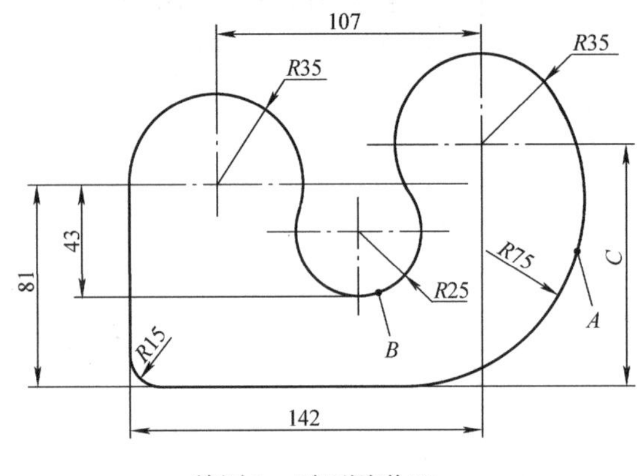

练图 1　平面图形 28

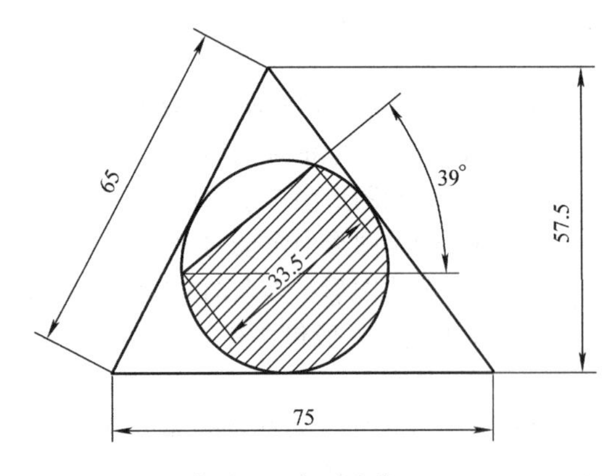

练图 2　平面图形 29

3. 将绘图单位设置为精确到小数点后四位，绘制如练图 3 所示的平面图形 30，并回答下面问题。

1）填充区域的面积是多少？

2）圆弧 *A* 中心到圆弧 *B* 中心的距离是多少？

3）圆弧 *C* 的长度是多少？

4）最外围周长是多少？

4. 将绘图单位设置为精确到小数点后三位，绘制如练图 4 所示的平面图形 31，并回答下面问题。

1）*R*20 的弧长值是多少？

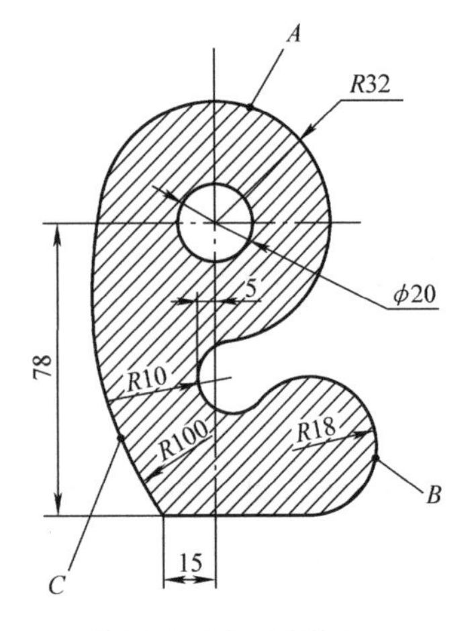

练图 3　平面图形 30

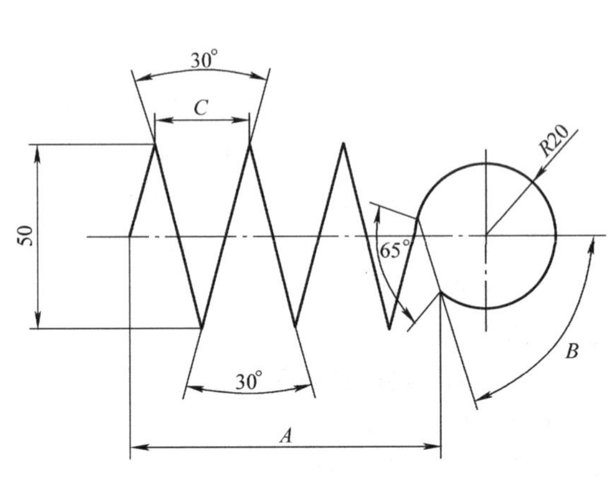

练图 4　平面图形 31

2）距离 *C* 的值是多少？

3）距离 *A* 的值是多少？

4）图形展开后的长度是多少？

5）角 *B* 的值是多少？

5. 将绘图单位设置为精确到小数点后三位，绘制如练图 5 所示的平面图形 32，并回答下面问题。

1）*A* 的长度值是多少？

2）半圆球的直径值是多少？

3）图形中阴影部分的周长是多少？

4）阴影面积是多少？

5）*R*45 弧长值是多少？

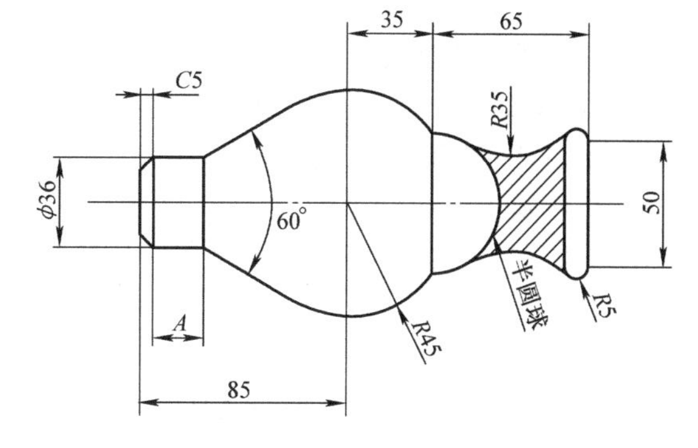

练图 5　平面图形 32

6. 将绘图单位设置为精确到小数点后三位，绘制如练图 6 所示的平面图形 33，并回答下面问题。

1）*B* 的距离是多少？

2）*C* 的值是多少？

3）图形中阴影部分的周长是多少？

4）阴影面积是多少？

5）圆弧 *A* 的长度是多少？

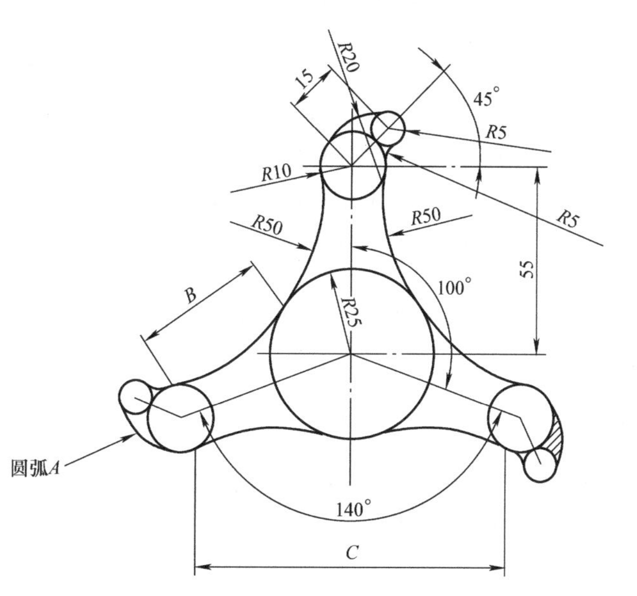

练图 6　平面图形 33

7. 将绘图单位设置为精确到小数点后三位，绘制如练图 7 所示的平面图形 34，并回答下面问题。

1）*AB* 线段与 *Y* 轴正方向的夹角是多少？

2）*CD* 线段的长度是多少？

3）*CD* 线段与 *X* 轴正方向的夹角是多少？

4）切点 *A* 与点 *B* 之间的距离是多少？

5）斜线区域的面积是多少？

8. 将绘图单位设置为精确到小数点后三位，绘制如练图 8 所示的平面图形 35，并回答下面问题。

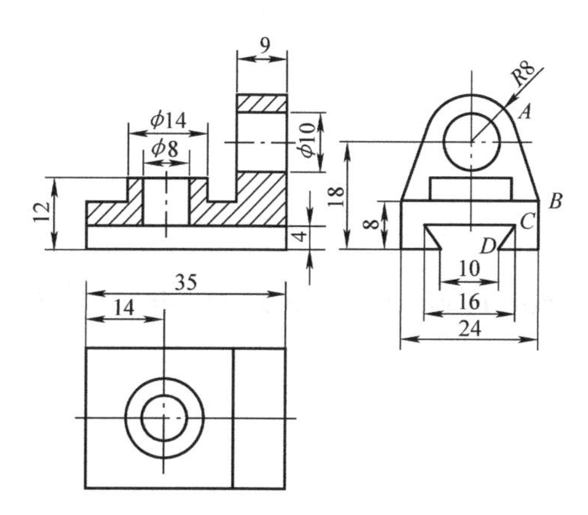

练图 7　平面图形 34

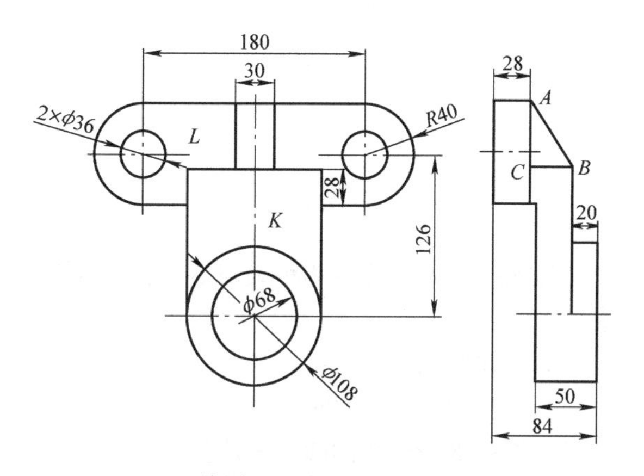

练图 8　平面图形 35

1）*ABC* 所围面积的周长是多少？

2）*AB* 线段的长度是多少？

3）*AB* 线段与 *X* 轴正方向的夹角是多少？

4）*K* 区域的面积是多少？

5）*L* 区域的面积是多少？

9. 将绘图单位设置为精确到小数点后四位，绘制如练图 9 所示的平面图形 36，并回答下面问题。

1）线段 *A* 的长度是多少？

2）圆心 *B* 与圆心 *C* 之间的距离是多少？

3）填充区域的面积是多少？

4）围成区域 *D* 的周长是多少？

5）圆弧 *E* 所包含的圆心角是多少？

10. 将绘图单位设置为精确到小数点后四位，绘制如练图 10 所示的平面图形 37，并回答下面问题。

1）填充区域 *A* 的面积是多少？

2）填充区域 *A* 的边界长度是多少？

3）圆弧 *B* 的长度及所包含的圆心角是多少？

4）线段 *C* 的长度是多少？

5）圆心 *D* 与圆心 *E* 连线的长度是多少？

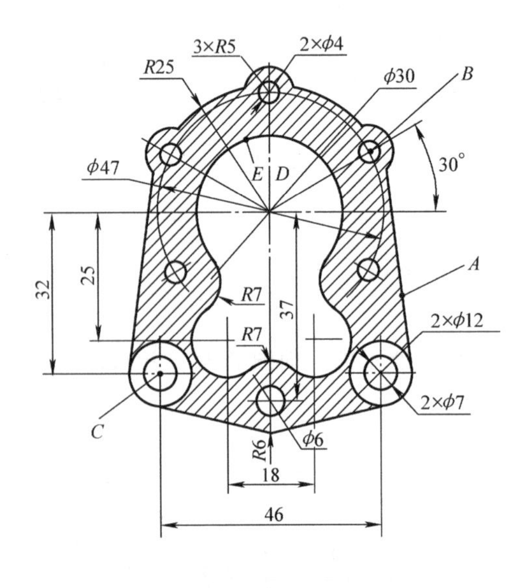

练图 9　平面图形 36

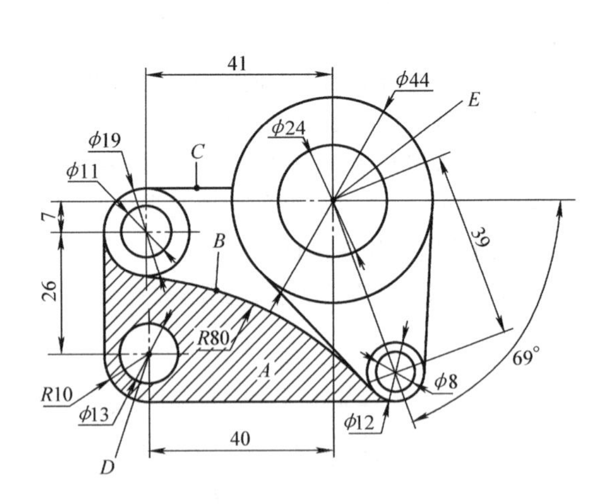

练图 10　平面图形 37

11. 将绘图单位设置为精确到小数点后四位，绘制如练图 11 所示的平面图形 38，并回答下面问题。

1）封闭区域 *A* 的面积是多少？

2）图形的外部轮廓的边界长度是多少？

3）圆弧 *B* 所包含的圆心角是多少？

4）圆 *C*（$\phi15$）的圆心和圆 *D*（$\phi9$）的圆心连线的长度是多少？

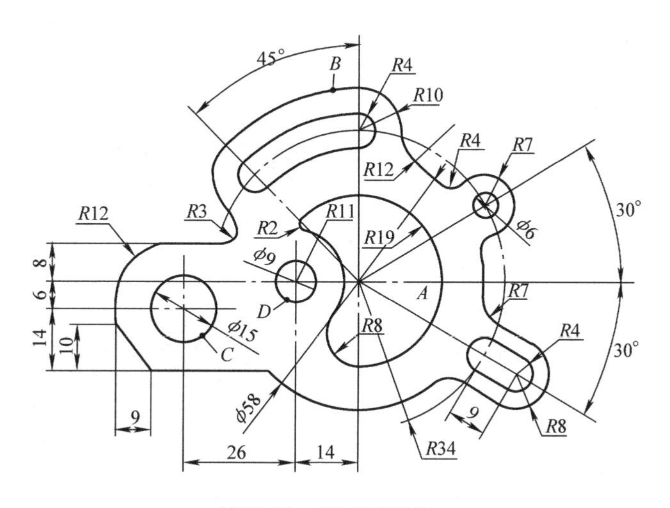

练图 11　平面图形 38

12. 将绘图单位设置为精确到小数点后四位，绘制如练图 12 所示的平面图形 39，并回答下面问题。

1）圆弧 *A* 的弧度是多少？

2）线段 *B* 的长度是多少？

3）围成图形的外部轮廓的长度是多少？

4）图形的面积是多少？

13. 将绘图单位设置为精确到小数点后四位，绘制如练图 13 所示的平面图形 40，并回答下面问题。

1）ϕ34 圆和 ϕ20 圆围成的圆环的面积是多少？

2）线段 *A* 的长度是多少？

3）圆弧 *B* 所包含的圆心角是多少？

4）圆心 *D*（ϕ12 和 ϕ25 的圆）和圆心 *C*（ϕ20 和 ϕ34 的圆）的连线的长度是多少？

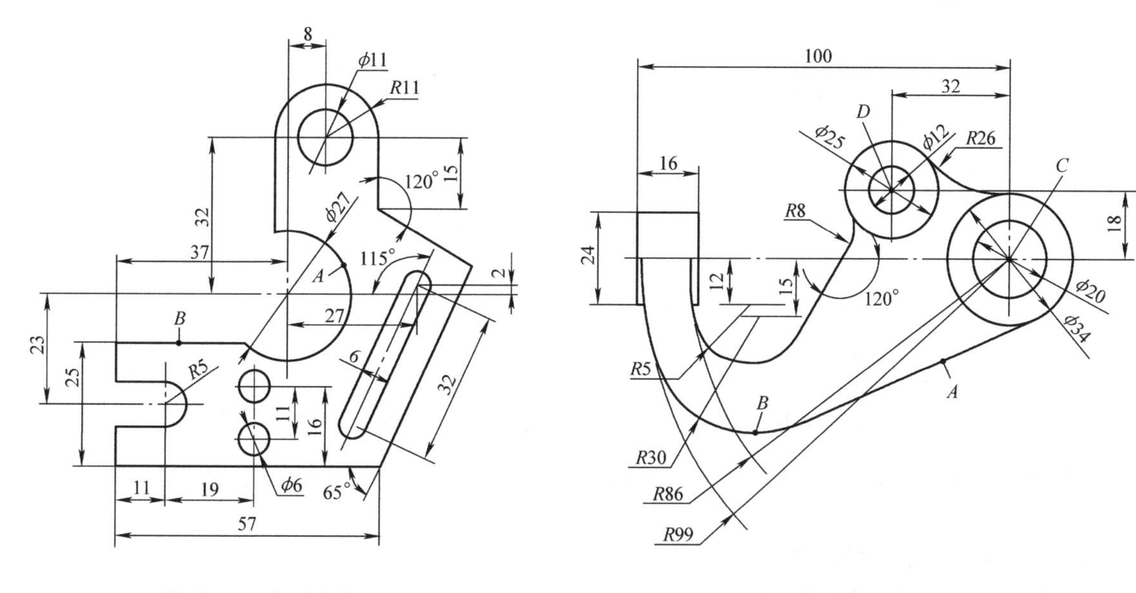

练图 12　平面图形 39

练图 13　平面图形 40

14. 将绘图单位设置为精确到小数点后四位，绘制如练图 14 所示的平面图形 41，并回答下面问题。

1）圆弧 *A* 的弧长是多少？

2）圆弧 *C* 所包含的圆心角多少？

3）区域 *B* 的面积是多少？

4）围成图形的外部轮廓的周长是多少？

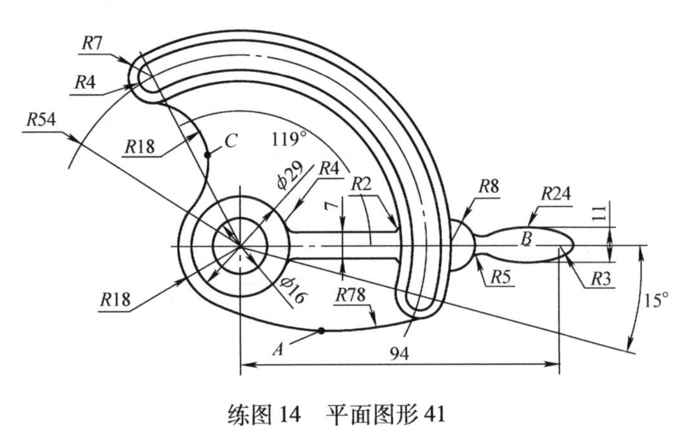

练图 14　平面图形 41

15. 将绘图单位设置为精确到小数点后四位，绘制如练图 15 所示的平面图形 42，并回答下面问题。

1）填充区域 *A* 的面积是多少？

2）圆弧 *B* 的长度是多少？

3）围成区域 *C* 的周长是多少？

4）圆弧 *D* 所包含的圆心角是多少？

5）区域 *E* 的面积是多少？

16. 将绘图单位设置为精确到小数点后四位，绘制如练图 16 所示的平面图形 43，并回答下面问题。

1）填充区域部分的面积是多少？

2）围成区域 *A* 的周长是多少？

3）区域 *B* 的面积是多少？

4）圆弧 *C* 的弧长是多少？

5）圆弧 *D* 所包含的圆心角是多少？

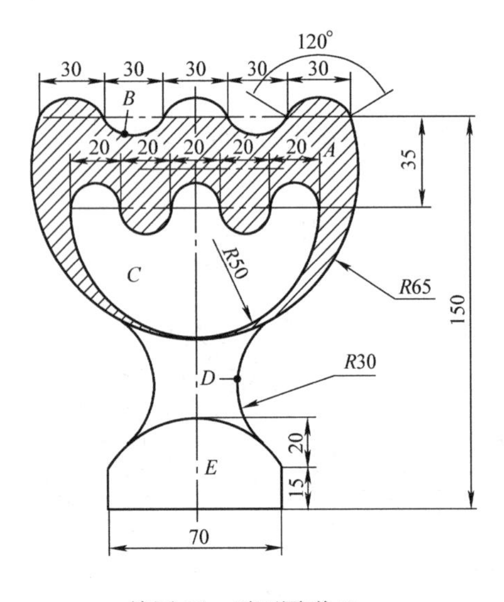

练图 15　平面图形 42

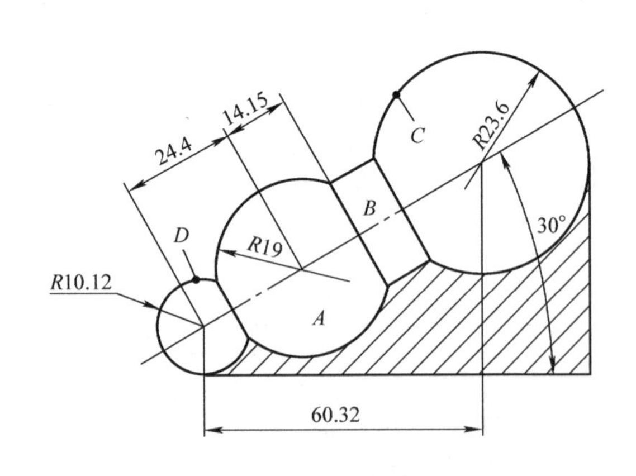

练图 16　平面图形 43

17. 将绘图单位设置为精确到小数点后四位，绘制如练图 17 所示的平面图形 44，并回答下面问题。

1）图形扣除 4 个小圆后的面积是多少？

2）线段 *ABCD* 的长度是多少？

3）圆弧 *A* 的长度是多少？

4）连线 *BD* 的角度是多少？

5）圆弧 *C* 所包含的圆心角是多少？

18. 将绘图单位设置为精确到小数点后四位，绘制如练图 18 所示的平面图形 45，并回答下面问题。

1）图形的面积是多少？

2）*AB* 连线的长度是多少？

3）半径 *R*20 的圆弧的长度是多少？

4）三角形 *ABC* 的面积是多少？

5）如果点 *D* 的绝对坐标是（100，120），那么点 *A* 的坐标是多少？

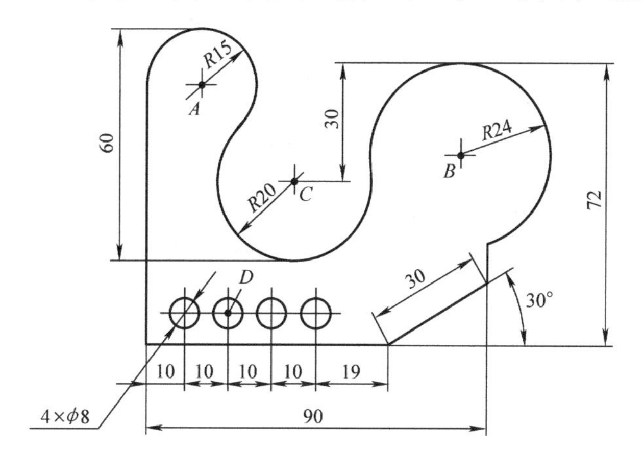

练图 17　平面图形 44

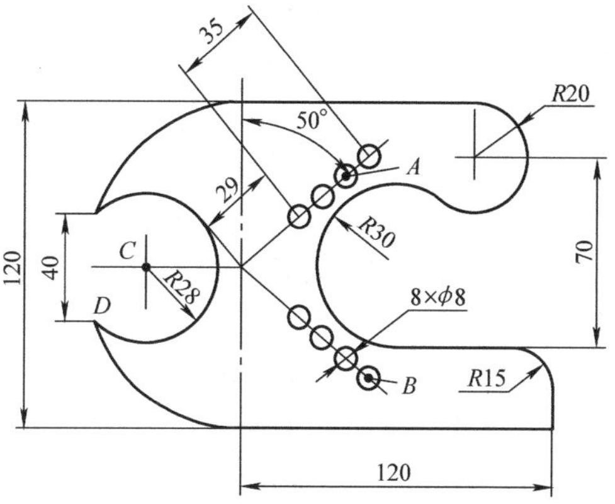

练图 18　平面图形 45

19. 将绘图单位设置为精确到小数点后四位，绘制如练图 19 所示的平面图形 46，并回答下面问题。

1）当点 *E* 的坐标为（0，0）时，点 *B* 的坐标是多少？

2）圆弧 *AB*（*R*28）的弧长是多少？

3）直线 *CD* 的长度是多少？

4）外轮廓周长是多少？

5）扣除内孔后的净面积是多少？

20. 将绘图单位设置为精确到小数点后四位，绘制如练图 20 所示的平面图形 47，并回答下面问题。

1）填充区域 *H* 的面积是多少？

2）线段 *AB* 的长度是多少？

3）线段 *CD* 的长度是多少？

4）线段 *FG* 的长度是多少？

5）线段 *BE* 展开后的长度是多少？

21. 将绘图单位设置为精确到小数点后四位，绘制如练图 21 所示的平面图形 48，并回答下面问题。

1）填充区域的面积是多少？

2）总图形所围成的面积是多少？

3）*AB* 的角度是多少（点 *B* 是半径 *R*20 圆弧的圆心）？

4）连线 *CA* 的长度是多少？

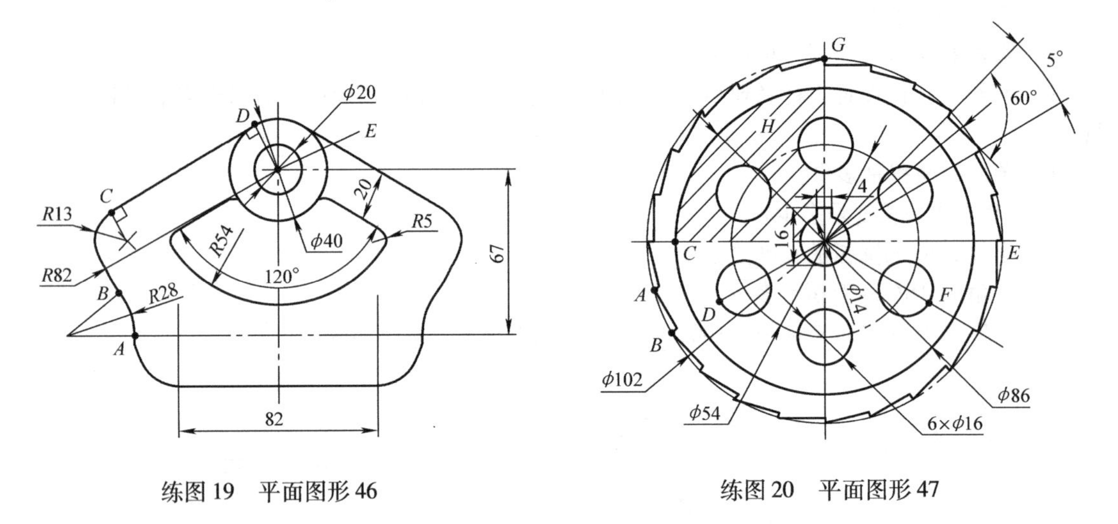

练图 19　平面图形 46　　　　练图 20　平面图形 47

5）如果点 *D* 的坐标为（150，200），那么点 *B* 的坐标是多少？

22. 将绘图单位设置为精确到小数点后四位，绘制如练图 22 所示的平面图形 49，并回答下面问题。

1）填充区域的面积是多少？

2）线段 *A* 的长度是多少？

3）圆弧 *B* 所包含的角度是多少？

4）区域 *C* 的面积是多少？

5）区域 *C* 的周长是多少？

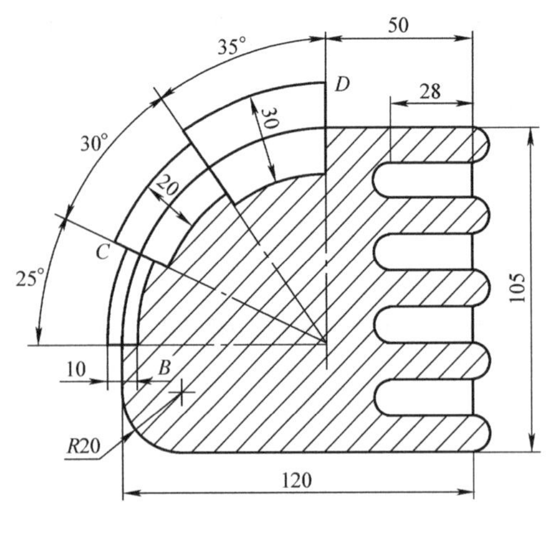

练图 21　平面图形 48

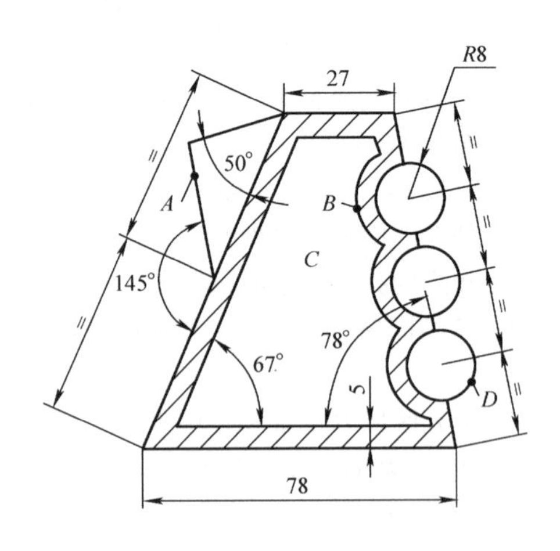

练图 22　平面图形 49

23. 将绘图单位设置为精确到小数点后三位，绘制如练图 23 所示的平面图形 50，并回答下面问题。

1）网格状填充区域 *A* 的面积是多少？

2）封闭区域 *E* 的面积是多少？

3）斜线填充区域 *F* 的面积是多少？

4）圆心 *C* 到点 *D* 的距离是多少？

5）*G* 的长度是多少？

24. 将绘图单位设置为精确到小数点后三位，绘制如练图 24 所示的平面图形 51，并回答下面问题。

1）图形最外围所围成的面积是多少？

2）圆 *A* 的半径是多少？

3）填充区域 *B* 的面积是多少？

4）夹角 *C* 的角度是多少？

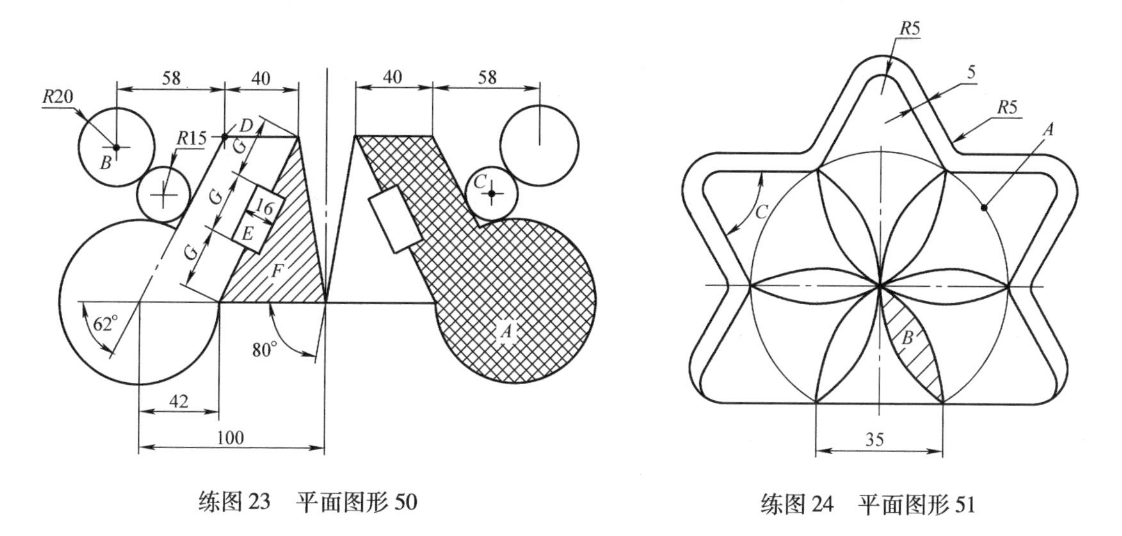

练图 23　平面图形 50　　　　练图 24　平面图形 51

25. 将绘图单位设置为精确到小数点后二位，绘制如练图 25 所示的平面图形 52，并回答下面问题。

1）圆弧 *C* 弧长是多少？

2）半径 *R*45 圆弧的圆心 *B* 到半径 *R*8.5 圆弧的圆心 *F* 的距离是多少？

3）圆弧圆心 *D* 与点 *E* 的连线的角度是多少？

4）填充区域 *A* 的面积是多少？

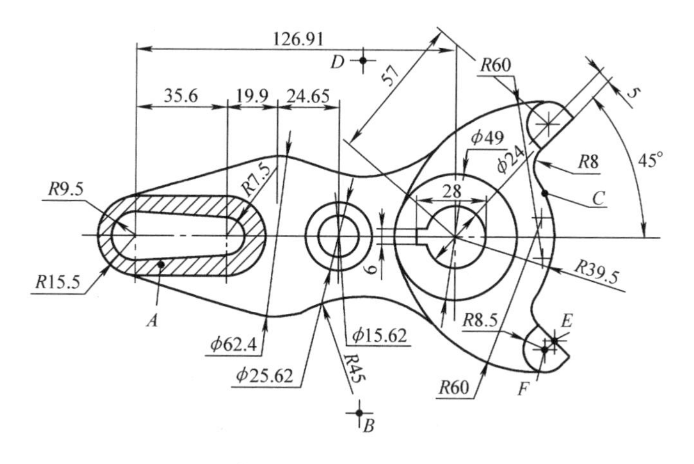

练图 25　平面图形 52

参 考 文 献

[1] 张曙光，傅游，温玲娟. AutoCAD 2008 中文版标准教程［M］. 北京：清华大学出版社，2007.

[2] 程绪琦，王建华. AutoCAD 2007 中文版标准教程［M］. 北京：电子工业出版社，2006.

[3] Ellen Finkelstein. AutoCAD 2008 宝典［M］. 黄湘情，等译. 北京：人民邮电出版社，2008.

[4] 李海慧，等. 中文版 AutoCAD 2011 宝典［M］. 北京：电子工业出版社，2011.

[5] 李善锋，姜勇，李原福. AutoCAD 2012 中文版完全自学教程（多媒体视频版）［M］. 北京：机械工业出版社，2012.

[6] 赵国增，陈健. 计算机绘图及实训——AutoCAD 2006［M］. 北京：高等教育出版社，2006.

[7] 赵国增. 计算机绘图——AutoCAD 2008［M］. 北京：高等教育出版社，2009.

[8] 赵国增. 计算机辅助绘图与设计——AutoCAD 2006 上机指导［M］. 北京：机械工业出版社，2006.